服装实用技术·基础入门

实用服装裁剪与缝制轻松入门

——综合篇

牛海波　马存义　编著

中国纺织出版社

内 容 提 要

本书是为学习服装裁剪与缝制的爱好者及专业岗位中有需要掌握一门技术的读者而编写的初级读物，属于基础入门教材。内容包括：服装的分类与人体测量，服装裁剪基础知识，服装缝制基础知识，女装裁剪与缝制、男装裁剪与缝制、童装裁剪与缝制等内容。本书图文并茂，服装款式简单、新颖别致，裁剪方法通俗易懂，服装缝制示意图清晰明了，实用性强。本书适合服装初学者、爱好者学习，也可作为服装专业中职、高职师生的参考教材。

图书在版编目（CIP）数据

实用服装裁剪与缝制轻松入门. 综合篇／牛海波，马存义编著. —北京：中国纺织出版社，2015.1（2019.7重印）
（服装实用技术. 基础入门）
ISBN 978-7-5180-1208-4

Ⅰ. ①实… Ⅱ. ①牛… ②马… Ⅲ. ①服装量裁②服装缝制 Ⅳ. ①TS941.63

中国版本图书馆CIP数据核字（2014）第259082号

责任编辑：宗 静 特约编辑：李春香 责任校对：梁 颖
责任设计：何 建 责任印制：储志伟

中国纺织出版社出版发行
地址：北京市朝阳区百子湾东里A407号楼 邮政编码：100124
销售电话：010—67004422 传真：010—87155801
http://www.c-textilep.com
E-mail: faxing@c-textilep.com
中国纺织出版社天猫旗舰店
官方微博http://weibo.com/2119887771
北京玺诚印务有限公司印刷 各地新华书店经销
2015年1月第1版 2019年7月第3次印刷
开本：787×1092 1/16 印张：13.75
字数：190千字 定价：45.00元

前言

在日常生活中，"衣食住行"首先把衣服排在了首位，可见衣服在人们心目中的地位。随着生活水平的不断提高，人们的审美意识、消费观念都发生了很大变化，对服装的要求更高了，学会量体裁衣，能轻松地掌握一门技能，不仅增长了知识，也服务了大众，而且又可以开辟一条新的就业门路。

本书内容从基本服装款式入手，由浅入深地列举了各种不同款式的裁剪图例，款式实用、美观大方。第一章对服装款式的认识作为本书的开篇，让读者从视觉和感官上熟悉服装的各种款式变化。第二～第四章主要以服装裁剪、缝制基础知识为主，作为后续的铺垫，简明扼要，便于记忆。第五章把服装的领子、袖子、口袋通过化整为零拆开讲解的方法，方便识图和配图。第六～第八章分别介绍女装、男装、童装的款式类型，逐一对应到每个裁剪图中，制图结构合理，公式简单，层次分明，简单易学。第九章为服装缝制。本书从服装款式、制图到缝制形成一套完整的服装裁剪缝制流程，覆盖了各个服装种类的裁剪与缝制，包括衬衫、裙子、连衣裙、裤子、马甲、西服等多个款式，具体介绍了服装的设计、打板、排料、裁剪以及缝制工艺等内容。

本书力求简明扼要，突出"入门"的特点，图文并茂，服装款式简单、新颖别致，剪裁方法通俗易懂，实用性强，服装缝制示意图讲解清晰明了，每一个款式的学习均是从零起步，让没有基础的学员通过自学就能初步掌握服装裁剪和缝制技术。

本书每个章节的文字部分及结构图、缝制图由牛海波编写、绘制；每个章节的款式图、效果图由马存义绘制。因编者经验及水平有限，疏漏错误之处在所难免，敬请读者批评指正。

编　者
2014 年 10 月

目录

第一章 对服装款式的认识

第一节 服装款式分类

在服装的基本知识中，服装款式是指服装的式样与形状，是造型要素之一。服装款式一般由结构、流行元素、质地这三个方面组成。

服装款式中的分类，是从机能分类与设计分类两方面来加以考虑的。

一、按机能分类

机能分类又分为形态分类和用途分类。

1. 形态分类

形态分类是从服装的构造上来区分的，如连衣裙还是套装，是上衣（罩衫、西服等）还是下衣（裙子、裤子等）的分类。

2. 用途分类

用途分类是与生活方式或生活目的等相适应，根据用途的不同而进行分类的方法，如礼服、日常服、运动服、制服等。

二、按设计分类

设计分类是以机能分类为基础而进一步划分的分类，包括造型分类和形象分类等。

1. 造型分类

造型分类是根据服装的轮廓、形状进行分类的方法，如图1-1所示。

长方形   酒杯形   梯形

图1-1 服装造型分类

2. 形象分类

形象分类是以服装所具有的风格、设计背景进行分类的方法。如端庄典雅型、优雅上品型、女性抒情型、男性生硬型、活动机能型、日常实用型、传统民族型。

以不同项目对各种服装进行的分类见下表。

服装分类

序号	项目	类别名称
1	性别	男装、女装、中性装
2	年龄	婴儿服、幼儿服、童装、少年装、青年装、中老年服装
3	历史年代	原始服装、古代服装（可按各朝代区分）、近代服装（可按时期区分）、现代服装（仍被现代人穿着的各类服装）
4	季节	春装、夏装、秋装、冬装
5	款式品种	衬衫、西服、夹克、大衣、连衣裙、裙子、裤子等
6	部位或次序	上衣、下衣、内衣、中衣、外衣等
7	时间	晨装、日装、晚装
8	场合	家居服、外出服、休闲服、运动服、工作服、商务装、礼服等
9	风格	古典、民族、都市、绅士、淑女、运动、休闲、嬉皮、朋克、混搭等
10	用途	时装、工装、制服、运动服装、影视与舞台服装、比赛服装、发布会服装等
11	国别与民族	中外各个国家、各个民族各自的传统服装
12	职业	军服、警察制服、民航制服、铁路制服、学生制服（校服）、教师制服、医护服装、服务业各类工装、厂矿企业工装或劳动保护服装、特殊行业的标志服装或警示服装等
13	体育运动	足球、篮球、体操、游泳、滑雪、赛跑、赛马、赛车、钓鱼、登山等各类体育项目的着装
14	特定用途	囚服、病号服、航空服、航天服、潜水服、防火服装、防寒服装、防生化服装、宗教服装、仿生服装、伪装服、创意服装等
15	纤维属性	天然纤维服装（棉、麻、丝、毛等）、化学纤维服装（合成纤维：涤纶、锦纶、腈纶、氯纶、维纶、氨纶等，人造纤维：黏胶纤维、醋酸纤维、铜氨纤维等）
16	织物属性	机织服装、针织服装、手工钩织服装、无纺服装等
17	材料属性	纺织服装、皮革服装、裘皮服装、塑料服装、金属服装等
18	面料工艺	扎染服装、蜡染服装、绣花（刺绣、补绣、珠片绣）服装、抽纱服装、水洗服装、沙洗服装、缂丝服装等
19	面料花色	单色（素色）服装、条格服装、图案花型服装、拼接混色服装等
20	层或填料	单衣、夹衣、棉衣、羽绒服等
21	生产、经营方式	高级定制服装、高级成衣（工业化生产的小批量服装）、大众成衣（工业化生产的大批量服装）、普通定做服装和自制服装等
22	专业生产方式	牛仔服装、皮革服装、裘皮服装、羽绒服装、西服、职业装、内衣、针织服装、钩编服装、绣花服装、防水服装、戏剧服装、婚纱礼服等
23	价格档次	低档服装、中档服装、高档服装

第二节 服装领型设计

因为领子接近面部，在人的视平线范围内，是最为醒目的视觉焦点。在上衣的设计中，领子占有十分重要的地位，是所有结构元素中的重点。领子有美观、保暖、卫生、护体等实用功能，也有一定的象征性和标识性，而且在很大程度上决定着服装的风格。适当地调整领子的大小、式样和位置等，可以改善头、颈的视觉比例关系，来补偿人体缺陷。设计领子时要善于根据款式要求采用对称设计或非对称设计，对称的领子给人以端庄、稳重的感受，不对称的领子具有动感、时尚的感觉。

领子的设计一般都是围绕颈部进行，颈围线（颈根部，经由前颈窝、侧颈点和第七颈椎点的连接曲线）是区分领型的基准位置。一般将领型区分为无领、立领和翻领等形式。立领和翻领是基本领型，设计上也有基本领型之间的过渡型、复合型和领帽结合等形式，如图1-2所示。

图1-2 领子的基本型

一、无领

无领是指没有领子结构的服装领口，围绕颈部的领口线条形状就是无领的领形。常见的无领领口形状有圆形、方形、V字形、U字形、一字形等。在设计上，主要是通过改变领口线的形状，调整领口的宽窄和高低，或对领口进行装饰性工艺等变化方法。无领设计如图1-3所示。

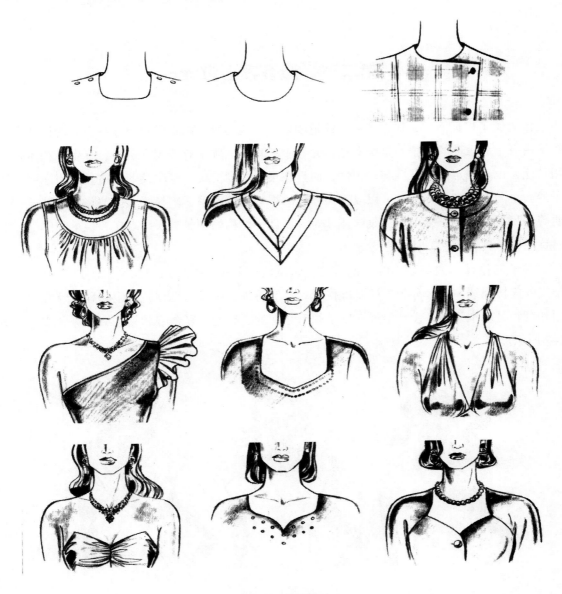

图1-3　无领设计

二、立领

立领是由颈围线向上，竖立在脖颈周围的一种领型。领子与衣身的结合部位在颈围线附近，可根据向上延伸的角度分为直立型、内倾型和外倾型三种形式。内倾型是典型的东方风格立领，这种立领与脖子之间的空间较小，显得比较含蓄内敛。而在欧洲，则倾向于外倾型，领型挺拔夸张豪华优美、装饰性极强。立领设计如图 1-4 所示。

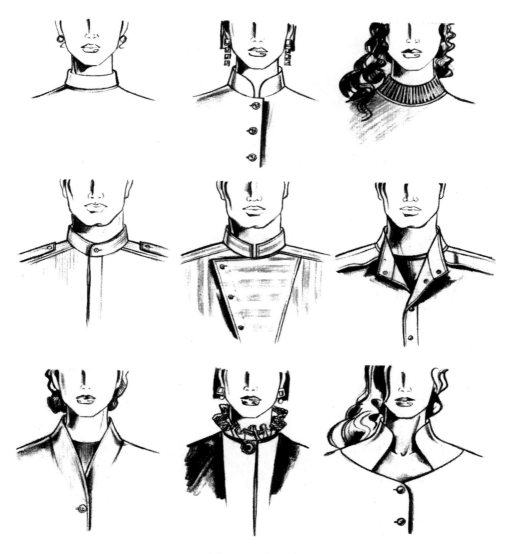

图1-4　立领设计

三、翻领

翻领是指翻伏在衣身表面的衣领。翻领的外边口线形变化非常丰富，可分别使用直线、曲线、折线，也可以使用复合线条或自由线条。翻领形态一般不受其他因素的约束，可高可低、可宽可窄，变化要比立领和无领更丰富，因此设计起来很舒畅，是大多数人喜爱的一种领型。翻领可以分为小翻领和大翻领。翻领设计如图 1-5 ～图 1-7 所示。

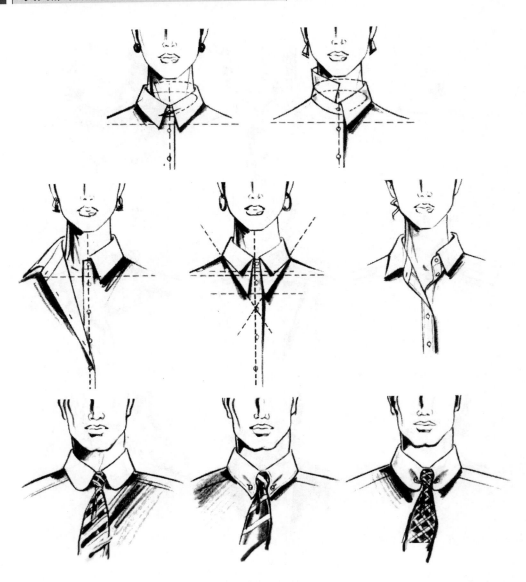

图1-5 翻领设计一

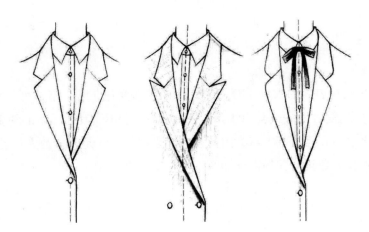

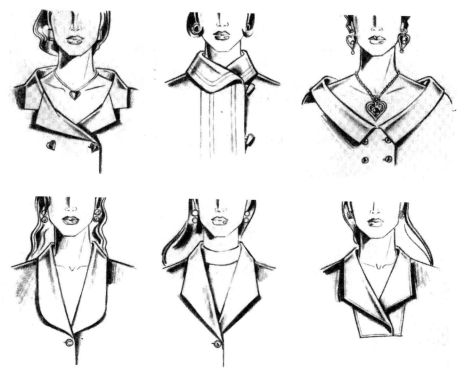

图1-6 翻领设计二

图1-7

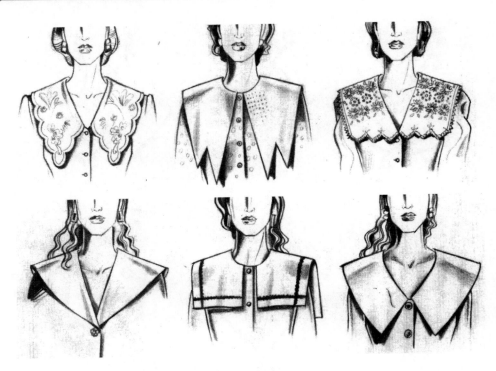

图1-7　翻领设计三

第三节　服装袖型设计

袖子是上衣结构的组成部分，它覆盖上臂形成筒状。袖子的结构形式直接影响服装的肩部效果、腋下袖底的外观、穿着的舒适性、衣身的宽松程度和服装造型。

服装的袖子与衣身相互结合、密不可分，根据它们的结构关系形成，有连袖、插肩袖和装袖三种基础袖型，如图 1-8 ~ 图 1-10 所示。无论如何对袖子进行设计变化，都难以脱离这三种基础袖型。另外，袖子按长短分为无袖、短袖、半袖、七分袖、八分袖、长袖和水袖等，如图 1-11 所示。

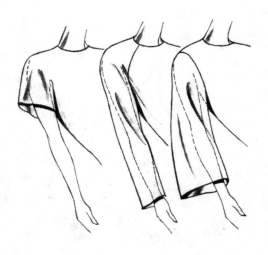

图1-8　基本袖结构

图1-9　连袖和插肩袖

图1-10　装袖变化

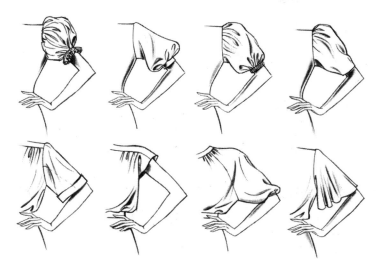

图1-11 短袖、半袖

第四节 服装结构线设计

构成服装整体形态的结构线，主要包括省道线、分割线、褶裥等。无数个衣服分割片的连接线，既起着分割用途，又起连接作用。结构线是属于二维空间的，是面与面的交接与穿插而形成的。服装款式设计就是运用这些结构线来构成繁简、疏密有度的形态，并利用服装美学的形式法则创造出优美适体的服装，如图 1-12 所示。

图1-12 结构线变化

第五节　服装口袋设计

口袋既有装饰性又有实用性。口袋的装饰性体现在它可随意放在服装的不同部位，不同大小和不同形态的口袋或袋盖可以增加服装的层次结构。实用性表现在装物、暖手和习惯性动作等方面，注重实用性的口袋一般设计在双手容易触及的位置。人们随身携带的各类物品越来越多，口袋的功用显得更加突出。口袋有贴袋、挖袋和隐形袋三种基本形式。

一、贴袋

贴袋只有一片袋布，袋布与衣身相贴缝合时留出袋口，或在袋布上挖出袋口后再与衣身缝合，其夹层就形成了口袋的空间。如男衬衫左胸上的口袋、牛仔裤的后袋、中山装的口袋等。贴袋有外贴袋和内贴袋两种。

1. 外贴袋

外贴袋的袋布缝合在衣身外面，袋形样式由袋布形状决定。外贴袋有较强的装饰性，缺点是装物后明显鼓起，影响服装的美观。带侧墙立体口袋或贴袋上加入褶裥的口袋，具有很强的装饰性，且能容纳更多的物品。外贴袋如图 1-13 所示。

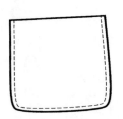

图1-13　外贴袋

2. 内贴袋

内贴袋是在衣身上挖出袋口，或者在结构线或分割线上留出袋口，袋布放在衣身内侧后再与衣身缝合。内贴袋衣身表面留有明线，一般使用双明线，具有一定的装饰性。

二、挖袋

顾名思义，挖袋就是在衣身上开洞挖出袋口，内缝袋布的口袋。挖袋有单袋牙、双袋牙、装拉链、袋口牌、装袋盖等袋口形式，如西服口袋和大衣的斜插袋等。如果服装与人体间空隙较大，有足够的空间，挖袋就可以装入较多的物品，但物品过重会导致袋口扭曲变形。挖袋如图 1-14 所示。

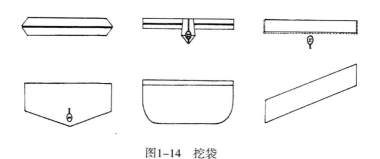

图1-14 挖袋

三、隐形袋

　　隐形袋是一种利用结构缝、分割缝或省缝的缝间作为袋口的口袋形式。因为袋口隐藏在缝中，袋口位置不明显，所以叫隐形袋。但设计中不一定总是将口袋隐藏起来，有时也可以使用隐形袋形式，加上袋盖、镶袋口牙、勾出口袋明线等，以强调口袋结构的装饰美。

　　除以上介绍的基本口袋形式外，还有组合袋、立体袋、袋中袋、可拆卸袋、专用袋等。

第二章　服装基础知识

在我们学习服装裁剪与缝制之前，有关服装人体测量、尺寸加放方法、服装规格尺寸以及面料使用的计算方法等，都是需要掌握的基本知识，也是为今后更加深入学习服装知识打下更好基础的一个环节。

第一节　人体测量

一、量体注意事项

（1）认真听取被量者的要求（包括式样和习惯）。

（2）仔细观察被量者体型，发现其特征及时记录。

（3）被量者保持立正姿势，呼吸自然，裤带放松，软尺松紧适宜。

（4）注意被量者的衣服厚薄（特别是跨季节服装），最好穿贴身衣服测量，量体并非量衣。

（5）量体顺序一般是：先横后竖，由上而下。

（6）测量上衣的顺序是：颈围、肩宽、胸围、腰围、臀围、袖口、衣长、袖长等。

（7）测量下衣的顺序是：腰围、臀围、上裆（直裆）、脚口、裤长等。

二、测量部位与测量方法

测量部位与测量方法见表2-1。

表2-1　测量部位与测量方法

序号	测量部位	说明	图解
1	胸围	通过乳峰点水平围量一周，松紧适当	

续表

序号	测量部位	说明	图解
2	乳下围	在乳房的下端用皮尺水平围量一周（此尺寸在购买胸罩时使用）	
3	腰围	经过腰部最细处围量一周	
4	臀围	通过臀部最丰满处围量一周	
5	中臀围	在腰围与臀围中间的位置水平测量一周	

序号	测量部位	说明	图解
6	袖窿周长	通过肩端点、前后腋点和臂根点围量一周。在这个尺寸中加上周长$\frac{1}{10}$左右的余量便可作为袖窿尺寸的基准	
7	头围	通过前额的中央、耳的上方和后头部的突出位置围量一周	
8	颈围	通过后颈点、侧颈点和前颈点围量一周	
9	大肩宽	从左肩端点经过后颈点到右肩端点之间的距离	
10	背宽	测量背部左右后腋点之间的长度	

续表

序号	测量部位	说明	图解
11	胸宽	测量胸部左右前腋点之间的长度	
12	背长	从后颈点到腰带之间的长度，软尺要松紧适中	
13	总身长	从后颈点向下垂直放下软尺，在腰围处轻轻按住，量到脚底	
14	后长	从侧颈点开始经过肩胛骨量至腰围线	

续表

序号	测量部位	说明	图解
15	前长	从颈侧点开始经过乳峰点量至腰围线，通过前长和后长之间的差值，可以了解人体的特征	
16	下裆长	在大腿根部轻轻按住软尺测量到脚踝骨的长度	
17	肩袖长和袖长	肩袖长是从后颈点开始经过肩端点，沿自然下垂的胳膊量到手根点。袖长是从肩端点顺手臂量到手腕根部的长度	
18	裤长	在身体侧面，自胯骨向上 3 ~ 4cm 处向下量至各款裤装所需长度	

续表

序号	测量部位	说明	图解
19	衣长	从后颈点向下量至衣长所需要的位置	

第二节　尺寸加放

在服装款式中，衡量一件服装的大小、长短、胖瘦及合体程度，首先想到的就是尺寸的加放是否合适，因此，服装加放量的大小起着非常重要的作用。

服装加放量的掌握要根据年龄、体型、季节、材料的质地、款式、风格特点以及个人的穿着习惯等因素来确定。

下面通过列表的形式说明各种服装的衣长比例和各部位的加放尺寸，仅供参考，见表2-2、表2-3。

表2-2　男装的长度测量与围度加放量　　　　　　　单位：cm

服种	长度标准		围度加放量			
	衣长/裤长	袖长	胸围	臀围	腰围	领围
短袖衬衫	量至臀围	肘关节向上5	14～16	—	—	2～3
长袖衬衫	量至臀围向下5	手腕下1.5	14～16	—	—	2～3
短裤	膝盖向上12	—	—	10～12	2～3	—
长裤	量至地面向上2	—	—	10～14	2～3	—
西装	量至臀沟	量至虎口向上1	16～20	10～14	—	—
西装马甲	腰节向下15	—	8～12	—	—	—

表2-3　女装的长度测量与围度加放量　　　　　　　单位：cm

服种	长度标准		围度加放量			
	衣长/裤长	袖长	胸围	腰围	臀围	领围
短袖衬衫	量至臀围	肘关节向上8	10～12	—	6～8	2～3
长袖衬衫	量至臀围向下2	手腕向下1	12～14	—	6～10	2～3

续表

服种	长度标准		围度加放量			
	衣长/裤长	袖长	胸围	腰围	臀围	领围
短裤	膝盖向上12~18	—	—	0~2	4~10	—
长裤	离地面2	—	—	1~3	6~12	—
西装	量至臀围	手腕向下1	12~14	6~8	8~10	—
西装马甲	腰节向下10	—	8~12	—	8~10	—
短大衣	膝盖向上5	手腕向下3	14~18	—	10~12	—
长大衣	膝盖向下15	手腕向下3	14~18	—	12~14	—
连衣裙	膝盖向下10	肘关节向上8	10~12	—	8以上	—
短裙	膝盖向上10	—	—	0~2	4以上	—

注 1．本表仅指一般的服装加放尺寸，不包括特殊需要和地区习惯及式样。

2．所有款式的测量根据当时所在季节，以穿贴身衣服为标准进行测量和加放。

3．所给出的加放量与流行及个人爱好相结合而定。

4．弹力面料加放时要适当减量。

第三节 服装规格尺寸表

一、服装号型的定义

服装号型是服装长短、肥瘦的标志，是根据我国正常人体体型的各部位数据规律和服装使用的需要，选出具有代表性的部位经合理归并而设置的。

1．号

号指高度，是以厘米（cm）为单位表示人体的总高度，也包含了与之相对应的各控制部位的数据。号是设计服装长短的依据。

2．型

型指围度，是以厘米（cm）为单位表示人体的胸围或腰围。上装的型表示净体胸围，下装的型表示净体腰围。型也包含了与之相对应的围度方面的控制部位的数据。型是设计服装肥瘦的依据。

二、服装号型标志

服装上必须标明号型，并且套装中的上下装也必须分别标明号型。

号型表示方法：号的数值在前面，型的数值在后面，号与型之间用斜线分开，后面再写出体型分类代号。

例如，160/84A，160 为号数，表示该服装适用于身高为 160cm 左右的人；84 为型数，表示净体胸围是 84cm；A 代表体型为 A 体型，表示该服装适用于胸围和腰围与此相近似及胸围与腰围之差数在此范围之内的人。上装 84A 适用于胸围 84cm 左右及胸围与腰围之差数在 18 ~ 14cm 之内的人。

三、服装号型系列

号型系列是以各体型中间体（男 170/88A、女 160/84A）为中心，向两边依次递增或递减组成。

（1）身高以 5cm 分档，组成系列。

（2）胸围、腰围分别以 3 ~ 4cm 分档，组成服装号型系列。

下面列举了女装和男装的规格尺寸表，仅供参考（所给尺寸均为净体尺寸，绘图时要加放余量），见表 2-4 ~ 表 2-7。

表2-4　女上装规格尺寸表

上衣尺码	S	M	L	XL	XXL	XXXL
服装尺码	36	38	40	42	44	46
胸围（cm）	78~81	82~85	86~89	90~93	94~97	98~102
腰围（cm）	62~66	67~70	71~74	75~79	80~84	85~89
肩宽（cm）	36	38	40	42	44	46
适合身高（cm）	153~158	159~164	165~170	169~174	173~177	177~180

表2-5　女裤规格尺寸表

裤子尺码	25	26	27	28	29	30
对应臀围（市尺）	2尺5	2尺6	2尺7	2尺8	2尺9	3尺
对应臀围（cm）	81~84	84~87	87~90	90~93	93~96	96~99
对应腰围（市尺）	1尺8	2尺	2尺05	2尺1	2尺2	2尺3
对应腰围（cm）	60	66	69	71	74	77

表2-6　男上装规格尺寸表

上衣尺码	S	M	L	XL	XXL	XXXL
服装尺码	46	48	50	52	54	56
胸围（cm）	82~85	86~89	90~93	94~97	98~102	103~107
腰围（cm）	72~75	76~79	80~84	85~88	89~92	93~96

续表

上衣尺码	S	M	L	XL	XXL	XXXL
肩宽（cm）	42	44	46	48	50	52
适合身高（cm）	163/167	168/172	173/177	178/182	182/187	187/190

表2-7 男裤规格尺寸表

裤子尺码	29	30	31	32	33	34
对应臀围（市尺）	2尺9	3尺	3尺1	3尺2	3尺3	3尺4
对应臀围（cm）	97	100	103	107	110	113
对应腰围（市尺）	2尺2	2尺3	2尺4	2尺5	2尺6	2尺7
对应腰围（cm）	73	76	79	83	87	90

第四节 面料使用计算方法

单件服装的裁剪，与成批量裁剪有着截然不同的区别，单件裁剪要求比较全面，是单独操作裁剪全过程，独立完成裁剪任务。我们不但要认真学习各服种的裁剪公式，还要熟练掌握各服种的用料多少及合理排料方法。

一、单件裁剪的用料核算

裁剪各种服装所需衣料的多少，主要是由服装的规格、服装的款式和所用衣料的幅宽三个因素所决定。用同一幅宽的面料，制作同一款式的服装，规格不同用料量也不同；同一规格制作同一款式的服装，布幅宽窄不同，则用料长度也不相同；服装款式的结构简单与复杂，也会影响用料的多少。这三种因素，具有各自的特点，又相互联系，所以在计算服装用料时，必须全面考虑。为了方便计算，下面列出部分常用服装的算料公式，见表2-8、表2-9。

表2-8 上衣算料参考表

类别	品种	90cm幅宽	140cm幅宽
男装	短袖衬衫	衣长×2+袖长+10cm（余量）	衣长+袖长+10cm（余量）
	长袖衬衫	衣长×2+袖长+15cm（余量）	衣长+袖长+15cm（余量）
	西服	衣长×2+袖长+25cm（余量）	衣长+袖长+25cm（余量）
	短大衣	衣长×2+袖长+30cm（余量）	衣长+袖长+30cm（余量）
	长大衣	衣长×2+袖长+30cm（余量）	衣长+袖长+30cm（余量）
女装	短袖衬衫	衣长×2+袖长+10cm（余量）	衣长+袖长+10cm（余量）
	长袖衬衫	衣长×2+袖长+20cm（余量）	衣长+袖长+20cm（余量）

类别	品种	90cm幅宽	140cm幅宽
女装	西服	衣长×2+袖长+25cm（余量）	衣长+袖长+25cm（余量）
	短大衣	衣长×2+袖长+30cm（余量）	衣长+袖长+30cm（余量）
	长大衣	衣长×2+袖长+30cm（余量）	衣长+袖长+30cm（余量）
	连衣裙	裙长×2+10cm（余量）	裙长+20cm（余量）

表2-9　裤子算料参考表

类别	品种	90cm幅宽	140cm幅宽
男装	男长裤	裤长×2+10cm（余量）	裤长+15cm（余量）
	男短裤	裤长×2+10cm（余量）	裤长+15cm（余量）
女装	女长裤	裤长×2+10cm（余量）	裤长+10cm（余量）
	女短裤	裤长×2+5cm（余量）	裤长+5cm（余量）

注　臀围超过117，另加3cm；臀围超过113，另加6cm。

二、单件裁剪的排料

单件裁剪不像批量裁剪那样将所有的服装裁片全部画好后，按画样线条裁剪。单件裁剪一般情况是画一片，剪一片（如前衣片、后衣片、大袖片、小袖片等）。因此，在画样裁剪之前对所画的服装衣片要全面熟悉，做到心中有数，以防剪一部分衣片后发现面料不足，造成差错。

合理套排是指在保证衣片质量的前提下，节约用料的套排画样。套排就是充分利用部件和零部件的不同形状合理套排。服装的部件和零部件各有不同，有直、斜、方、圆、凹、凸、长、短之分。在画样时要充分利用衣片的不同角度、弯势等形状进行套排。

为了提高原料利用率，按有关技术标准规定，在一些零部件的次要部位如领里、挂面下端等部位允许适当拼接。排料是对拼接部位、拼接的块数和拼接的丝缕都应按照有关技术规定及穿着者许可进行。

排料一般要求掌握一套(凹套凸)、两对(直对直、斜对斜)、三先三后(先排大片后排小片、先排主片后排辅片、先排面子衣片后排里子衣片)的基本要点。如何选择最佳的排料方案，以达到节约用料的目的，是一个不断探索的课题，在此仅介绍排料的基础知识作为入门教学，以典型品种、一般款式为主，同时一般以常用幅宽及素色衣料为主，不考虑面料的花纹、图案、倒顺毛等因素。排料的款式及结构不同，用料也不相同。以下的排料图都属结构较简单的款式，因此，用料数一般少于表内的用料。图2-1、图2-2列举了男衬衫和女西服的排料示意图，作为参考。

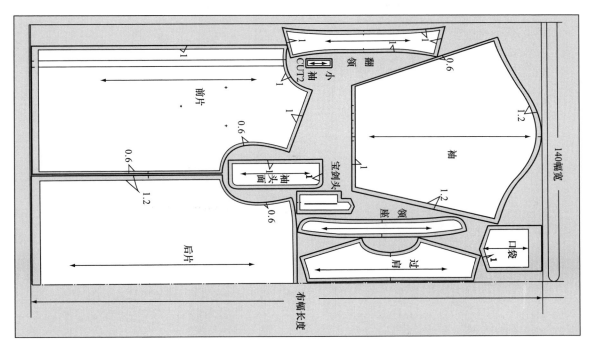

图2-1　男衬衫排料示意图

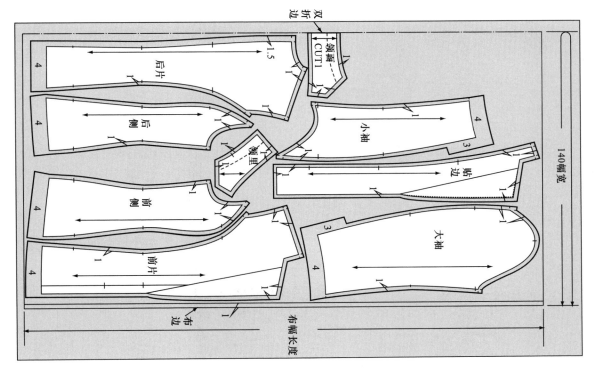

图2-2　女西服排料示意图

第三章 服装裁剪基础知识

第一节 常用服装裁剪工具

一、制图工具

制图工具如图 3-1 所示。

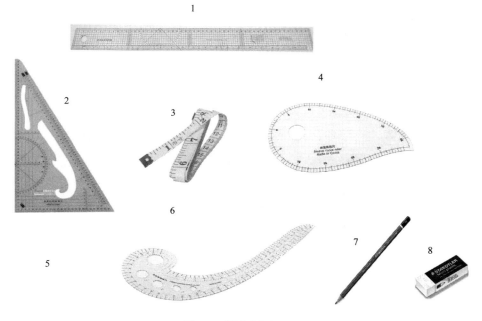

图3-1 服装制图工具

1. **直尺**

直尺是服装制图的必备工具，一般采用不易变形的材料制作，如有机玻璃的直尺。直尺的刻度须清晰，长度取 60cm 和 100cm 的较适宜。

2. **直角尺**

直角尺有两种，一种为等腰直角三角形尺，尺内最好含量角器；另一种为由 30°、60° 和 90° 内角组成的直角三角形尺，规格为 50cm 的较好，直角尺也可无斜边。

3. **软尺**

有两种材料制成的软尺。一种为皮尺，测体用较好；另一种是薄型聚酯材料尺，适于测量样板的曲线部位。

4. 袖窿尺

袖窿尺用有机玻璃制成,用于作袖窿弧线、袖肥弧线特别方便。

5. 弯尺

弯尺用来画衣服和裙、裤的曲线部位,长度为 50 ~ 60cm。

6. 多用曲线尺

多用曲线尺是为服装制图设计的专用尺,适合作前后裆弯弧线、前后领口、袖窿、袖肥、翻领外止口、圆摆等处的弧线。

7. 绘图铅笔

绘图铅笔一般以中性(HB)、软性(B ~ 3B)铅笔为好,因其不易将纸划破,且线条清晰。

8. 绘图橡皮

绘图橡皮不易损伤纸,易擦干净。

二、裁剪工具

裁剪工具如图 3-2 所示。

图3-2　服装裁剪工具

1. 剪刀

剪纸与剪布料的剪刀各一把。

2. 滚轮(复描器)

滚轮用铁皮或不锈钢制成。

3. 锥子

锥子由木柄和铁钢针组成,用于作样板的洞眼标记。

第二节　服装制图的常用符号、代号

一、常用制图符号

在绘制服装裁剪图时,为使制图简便明确,可以用不同的线条和符号来表示,见表

3-1。在企业用的服装图纸上，制图符号是一种工程语言，也是商业合同的一种依据。服装裁剪的制图符号，各地区、学派所编的书籍不尽相同，但大同小异，也有一些共同点和规律性的内容。例如，在各种流派的裁剪图中，粗实线都表示裁剪结构线；细实线一般都表示制图辅助线及尺寸标注线。必须注意，目前国内流行的日本裁剪法中，其制图符号与国内不完全一样，但大有趋于统一的倾向。

表3-1 常用制图符号

符号	名称	说明	符号	名称	说明
	完成线（净缝线）	粗实线粗虚线		对合样板后裁剪	也有对折裁剪的情况
	基本线、引导线	细实线		褶裥	斜线方向表示折叠方向
	对折线	点划线			
	翻折线	短粗虚线			
	缉线、明线	细虚线			
	等分线	用细点划线或细实线表示等分，可使用符号○、∅ 等			
顺毛 逆毛	纱向、毛向	箭头方向表示经纱方向，单箭头的箭头方向表示毛向	明裥 暗裥		
×	胸高点的表示标记		⊕	纽扣的标记	表示纽扣的位置
	直角符号	与水平线、垂直线构成的直角原则上不加此符号		纽扣眼标记	表示纽扣眼的位置
	区别两衣片的交叉标记		后 前	剪口（眼刀）	对位记号
				打褶标记	
折叠（闭合）切展（打开）	折叠、切展的标记			拔宽	
				归拢	

二、常用制图代号

在裁剪制图中，会涉及一些计算公式，为了书写简便，常用英文字母作为代号来表示某些部位，如用"B"来表示胸围等。学习这些制图代号，对进一步阅读国内外裁剪资料是非常必要的。常用制图代号见表3-2。

表3-2　常用制图代号

名　称	代　号	名　称	代　号
胸　围	B	乳峰点	BP
腰　围	W	侧颈点	SNP
中臀围	MH	前颈点	FNP
臀　围	H	后颈点	BNP
胸围线	BL	肩端点	SP
腰围线	WL	袖窿	AH
臀围线	HL	头围	HS
肘　线	EL	前中心线	FC
膝　线	KL	后中心线	BC

第三节　服装制图的各部位名称

服装制图的各部位名称如图3-3所示。

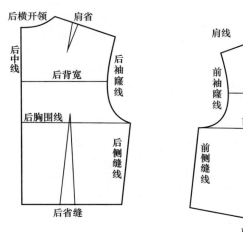

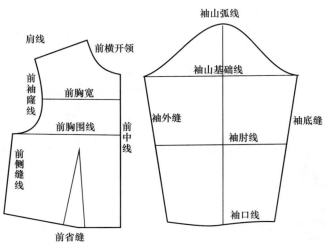

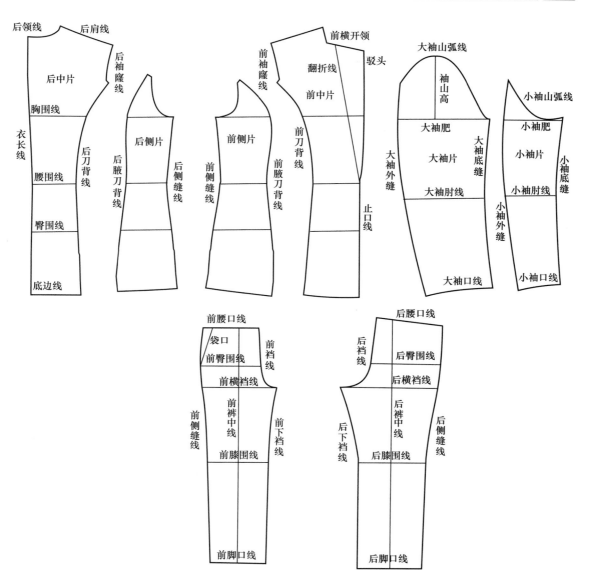

图3-3 服装制图各部位名称

第四章 服装缝制基础知识

第一节 服装设备使用常识

服装缝纫所需要的设备种类很多，按照用途可以分为缝纫设备和辅助缝纫设备两大类；按照使用范围又可以分为家用缝纫设备和工业用缝纫设备两大类。其中家用缝纫设备比较简单，主要有家用缝纫机和三线包缝机等。工业用缝纫设备主要有平缝机、高速包缝机、锁眼机、套结机、钉扣机、黏合机、整烫机等。对缝纫设备的使用和对维修常识的了解，是学习机器缝纫操作的第一步。

一、操作缝纫机前的准备工作

1. 选择缝纫机针与缝纫线

在缝纫操作前，要根据缝料（面料、里料、衬料等）的具体情况，选择适当的机针与缝线。只有机针、缝线与缝料配合得当，缝制出来的成衣才会缉线牢固、线迹美观。如果选配不当，有时还会使机器发生故障而影响操作。所以，缝料的厚薄及性能特点必须与机针和缝线认真匹配。表4-1是常见缝料、机针和缝线的配合关系，仅供参考。

表4-1　缝料、机针和缝线的选配

序号	缝料种类	机针号码	线的种类及号码		
			棉线	丝线	尼龙线
1	床单、被单、粗布、斜纹布、薄质呢绒、衬衣面料、普通棉布、塑料布等	J90（14）	60～80	20	—
2	厚棉布、薄绒布、哔叽、灯芯绒等	J100（16）	40～60	16～18	—
3	厚绒布、薄帆布、普通毛织品被褥、大衣呢等	J110（18）	30～40	10～12	—
4	薄麻布、薄棉布、绸缎、人造棉及刺绣等	J75（11）	80～100	24～18	3～56
5	薄纱布、薄绸、细麻纱、麻纱及刺绣等	J65（9）	100～120	30	

2. 缝纫机针的安装

用手转动缝纫机头的上轮，使针杆部位上升到最高位置，选好机针，将机针向针杆凹槽内插入，使缝纫机针顶端的尾部触到线钩螺钉时，再旋紧针尖螺钉。然后慢慢用手转动上轮，观察机针是否碰撞针板，有无碰擦梭床内部零件的现象。若出现上述情况，则应重新调试安装机针，且不可仓促使用。

3. 在梭芯上绕线

在梭芯上缠绕底线要使用缝纫机头上右侧的专门部件。首先旋松离合螺钉，把线团插在底板线钉上，将线头引入过线架，然后穿入梭芯上的任何一个小孔中，并由内向外绕梭芯手缠数圈，再将梭芯装入绕线轴，按下绕线调节板，使满线跳板自动将梭芯压住。用脚踏动机器，绕线器便可以自动绕线。梭芯绕满线以后，满线跳板会自动弹起，梭芯绕线即结束。

4. 将梭芯装入梭芯套

将绕满底线的梭芯拉出10cm左右长的线头，装入梭芯套。将留出的线头嵌入梭芯套的缺口内，然后牵引线头使缝纫线滑过梭皮底面，并从梭皮的叉口处拉出。

5. 安装梭芯套

用手拨动上轮使针杆升至最高位置，再装入梭芯套上，先用左手拇指扳起梭门盖，再将梭芯套装在机板下面的摆梭轴上，梭柄向上嵌入梭床的缺口内，使梭门卡在摆梭轴的凹槽内。用手轻轻转动上轮，观察梭芯套的运转是否正常。如果梭芯套滑出梭床缺口，则需重新装。

6. 穿面线与引底线

用右手拨动上轮，使调线杆升至最高位置。从线团拉出线头，经过面板过线口，从外向内绕进两片夹线板的中间。然后从栏线板缺口处拉出，嵌入挑线簧内，再穿过挑线杆孔，经过面线钩和针杆线钩，最后自左向右穿入针孔，拉出一段线头，以备引底线时用。

扳起压脚，用左手捏住面线的线头，右手按逆时针方向轻轻转动上轮，当机针下降并再次升起时，拉住面线线头的左手轻轻上提，底线即被引出。将底线和面线的线头经过压脚缺口甩向压脚的左后方，即完成缝纫机操作的准备工作。

二、缝纫机使用时的调节方法

在缝纫过程中，要想取得良好的缝纫效果，除了机针、缝线和缝料的良好配合之外，还要根据缝料与缝线的情况，对缝纫机的某些部件做一些必要的调节，包括面线与底线的调节、针距的调节、送布牙和压脚的调节、挑线簧的调节等。

1. 调节面线和底线

在缝纫过程中，面线与底线的张力要基本保持一致，面底线的交接点处于缝料中间时，线迹的效果就会平整美观、顺直牢固。如果面线的张力大于底线的张力，底线就会被拉到缝料的上面，形成浮线泡。在机绣针法中，有一种叫做"反底线"的针法，就是利用不同色彩的底线上翻产生一种特殊的效果，在正常缝纫时则不需要这种现象的发生。如果底线张力大于面线，则面线就会被拉到缝料的下面，造成浮底线的缺陷。如果面线和底线的张力过小时，虽然两线的交接点在缝料的中间，但由于面底线不能与缝料紧贴，将出现线迹浮飘的现象。若面底线的张力都较大时，则缝料会产生皱缩现象，尤其是薄料，缝料受力时缝线就会崩断。

在调节缝线的张力时，一般是先调好底线，然后再调节面线。底线的张力是由梭芯套上的梭皮压力来决定的。用手捏住底线的线头，轻轻抖动一下，梭芯套因自重而下垂即为合适。缝制薄料时，梭皮压力略小，而缝制厚料和绣花时，梭皮压力应较大。调节底线张力的方法是，用小螺丝刀顺时针方向拧动梭皮螺钉就能调节底线的张力了。面线的张力是靠夹线器上的夹线螺母来调节的。用手按顺时针方向旋动，则可加大面线的张力，使面线变紧一些，反之按逆时针方向旋动，就可使面线松一些。

2. 调节线迹的针距

针距的长度会影响成衣的外观质量效果。针距的长短应根据缝料的厚度和线缝的明暗来调节。针距太大，影响缝纫牢度；针距太小，则易刺伤纤维组织。一般来说，较厚的缝料针距可调得长一些；较薄的缝料针距可调得短一些。需要缉明线时，针距可稍短一些；暗线缝针时，针距可稍长一点。普通缝料每30mm控制在14～18针，软型薄料每30mm控制在16～20针，厚料每30mm控制在12～16针。

3. 调节送布牙的高低和压脚的压力

在缝纫时，根据缝料的厚薄适当调节送布牙的高低和压脚压力的大小。缝纫厚料时要适当地调节高送布牙，并适当增加压脚的压力，以免出现缝料前进缓慢、忽慢忽快及针距不匀等现象。缝纫薄料时，要适当调低送布牙，并适当减小压脚的压力，以免压脚将缝料咬出痕迹。如果缝制普通面料，送布牙齿的尖部可露出针板平面0.75mm左右（相当于牙齿深度的一半）；缝制厚料时，牙齿不要高于1.2mm；缝制薄料时，不要低于0.4mm。

4. 调节挑线簧

挑线簧的作用是调节面线的余量，挑线簧的弹力适当，可使成衣的缝纫缉线整齐美观。挑线簧的弹力太强时，容易出现跳针、断线等现象，弹力太弱时则起不到挑线簧应有的作用。在面线夹线座的外侧有一条槽口，槽口中有一个挑线簧的调节螺钉，将螺钉向上扳动时弹力加强，向下扳动时弹力减弱，调节合适以后，旋紧螺钉即可。

三、缝纫机的常见故障与排除

购买来的缝纫机虽然在出厂前都要经过严格的检验和调试，但在使用过程中，因不熟悉操作方法，不注意保养，或因年久造成零件磨损、机头内聚集脏物等，都会使机器出现故障，影响缝纫操作和成衣质量。因此，我们必须学会观察分析机器的故障，并掌握一些常见的排除方法。家用缝纫机故障处理方法见表4-2。

表4-2　家用缝纫机故障处理方法

序号	类别	故 障 情 况	可能发生的原因	处 理 方 法
1	断面线	初学时经常发生断线	1. 穿线次序搞错 2. 上轮倒转	1. 按照穿面线步骤重穿 2. 多练习踏空机，掌握朝自己方向转动
		第一针断线，断线时面线成直线状	线头未放好或面线太紧	把线头压入压脚缺口下的左后方，并旋松夹线螺母或旋松挑线簧调节螺钉，将挑线簧调节圈向下扳动，减小挑线簧弹力
		急烈性断线	1. 线团太满，使线松一下绕在插线钉上 2. 缝线太腐脆 3. 机针方向装错与压脚相碰 4. 针眼粗糙，针已弯曲，针槽太浅或有毛刺	1. 用新线团时，先绕一只梭芯，使线团上的线减少些 2. 换用好线 3. 按照装卸机针正确装配 4. 调换新针
		断线时线头像剥皮状	1. 针眼太小或太锋利，线太粗或粗细不匀 2. 面线经过的部位太毛糙	1. 调换新针和好线 2. 将面线经过的毛糙部位，用细铁砂布或粗砂布拉光滑
		断线时发现面线有大的波动	1. 梭床未装好，梭芯套未装上或装得不好 2. 梭皮折断，梭皮螺钉旋毛或松出 3. 摆梭尖头及梭芯套表面毛糙或已生锈 4. 梭门弹簧无弹力 5. 梭皮尾部没有插入梭芯	1. 按照正确装卸方法校正 2. 调换新梭皮，用细铁砂皮砂光，旋紧梭芯套上的梭皮螺钉 3. 用细铁砂皮或粗布砂拉光滑 4. 把弹簧拉长些或调换新弹簧 5. 将梭皮装入梭芯套小孔内，旋紧梭皮螺钉
		普通的断线	1. 底线太紧，梭皮口太尖或毛糙，线太脆 2. 摆梭断裂及大圆边毛糙	1. 旋松梭皮螺钉，用铁砂皮砂光，调换好线 2. 调换新摆梭，用细铁砂皮砂光
		用手拉底线有松紧不匀的感觉	1. 梭芯套不圆，梭芯扁歪 2. 底线绕得松乱不匀 3. 梭芯套装入摆梭时梭芯滑出	1. 调换圆正的 2. 重绕，使底线整齐不乱 3. 按照装卸梭芯套正确装置
		断线不稳定，时断时不断，有时一起断	1. 送布牙太尖、太锋利 2. 针眼板太毛	1. 减轻压脚压力 2. 用细铁砂皮砂光
		一般性轧线	1. 上轮倒转 2. 面线及底线没有被压脚压牢	1. 多练习踏空机 2. 把面线和底线压入压脚缺口下的左后方
2	轧线	吊不上底线	1. 底线的线头太短，没有吊出针板上面 2. 底线的线头夹在梭门中	1. 把底线拉长些，再将底线吊出针板上面 2. 把梭芯套取出重装
		调换缝料时跳针	针、线、缝料的规格不相符	按照针、线、缝料的配合校正
3	跳针	缝薄料时跳针	针板眼太大	调换新针板
		刺绣时发现跳针	绷架太松或针太粗	绞紧绷圈，调换细针
		一般性跳针	1. 机针弯曲，针锋折断，针槽太浅，针眼歪斜 2. 挑线簧弹力太强 3. 压脚未装好	1. 调换新针 2. 旋松挑线调节螺钉，将挑线簧调节圈，向下扳动，减弱弹力 3. 高速压脚位置
		针杆摇动	针杆及车壳上的针杆孔磨损	调换针杆或镶配车壳针杆孔轴套

续表

序号	类别	故 障 情 况	可能发生的原因	处 理 方 法
3	跳针	摆梭摇动	摆梭、梭床团磨损	调换摆梭及梭床圈
		一针也不能缝纫	1. 机针未装好及针杆装得过高或过低 2. 摆梭钩线尖头磨损或折断	1. 按照装卸机针进行校正高速针杆位置 2. 调换新摆梭
		调换缝料时断针	1. 针、线、缝料的规格不相符 2. 缝料的厚度不匀	1. 按照针、线、缝料的配合进行校正 2. 在缝纫时，从薄到厚应慢一些
4	断针	连续性断针	针与针板眼未对正	试验校正或调换针板和机针，然后再校正
		装拆梭床后断针	梭床未装好	按照梭床的装卸表进行校正
		一般性断针	1. 机针未装好或针已弯曲 2. 针杆、车壳针杆孔磨损 3. 针细、缝料厚	1. 按照装卸机针进行校正或调换新针 2. 调换针杆或镶配车壳针杆孔轴套 3. 换粗针
		起步缝纫时断针	拉缝线时，用力过大	轻拉
		中途时断针	助拉缝料时用力太大	拉动缝料的助力要均匀自然
		换了压脚后断针	压脚螺钉未旋紧或针与压脚孔的中心未对正	旋紧压脚螺钉，校正压脚
5	面线松	面线浮飘，缝料下面有小线圈	1. 夹线板太松或内有垃圾 2. 挑线簧弹力太弱 3. 线未嵌入夹线板	1. 旋紧夹线螺母，清除垃圾 2. 旋松挑线调节螺钉，将挑线簧调节圈向上扳动，增强弹力 3. 把线嵌入夹线板
		底线呈直线，缝料下面露出面线	底线太紧或太粗	旋松梭皮螺钉，调换细线
6	底线松	底线露在缝料的上面，面线成直线状	1. 底线太松或太细 2. 底线未经过梭皮或梭皮内积有垃圾	1. 旋紧梭芯套上梭皮螺钉，将底线调换成与面线同样的线 2. 重新装底线或清除垃圾
7	同时线松	有时面线松，有时底线松，松紧不定	1. 梭芯扁歪或梭芯套已生锈 2. 缝线粗细不匀	1. 调换圆正的梭芯。在梭芯套表面加注缝纫机油，并用粗布擦光去锈 2. 调换均匀的缝线
8	针迹方面	针迹长短不适合	针离螺钉太高或太低	按照调节针迹距离的长短重新调节
		针迹时长时短	压脚的压力太轻	旋紧调压螺钉，增加压脚的压力
		缝薄料时针迹歪斜	线太粗	按照针、线与缝料配合表选用
9	缝料方面	缝件的背面出现一格一格的咬破现象和抽丝现象	针锋迟钝，压脚的压力太强	调换新针，减轻压脚的压力
		缝件不向前走	送布牙低落	旋松抬牙曲柄上的螺钉，抬高送布牙
		缝件皱缩	1. 底线与面线太紧，线太粗大硬 2. 压脚压力太紧	1. 按照常见的底线和面线及松紧调节法正确调节，调换细软的线 2. 减轻压脚的压力
		缝件来回走	送布牙太高	旋松抬牙曲柄上的螺钉，降低送布牙
		不规则斜向	送布牙传动部位螺钉松	旋紧送布牙的传动部位螺钉

序号	类别	故障情况	可能发生的原因	处理方法
10	转动方面	机架声音大	1. 摇杆曲轴及摇杆轴承松动 2. 摇杆下端摇杆球松动，踏板松动 3. 下带轮螺钉松动 4. 钢珠环及曲轴磨损，钢珠脱落	1. 旋紧摇杆曲轴处的方架顶尖螺钉，旋紧轴承盖 2. 旋紧下端摇杆球接头和踏板两边的方架顶尖螺钉 3. 旋紧螺钉 4. 调换钢珠或曲轴和补足钢珠
		踏动时机身震动很大	1. 机头未放好，机架未放平 2. 边脚步螺钉松动	1. 放正机头，垫平机架 2. 把螺钉旋紧
		配了零件后发现机器转动重和声音大	修配的零件不符合要或装配不当	另换标准的零件或将修配的零件拆下修正后重新装配

第二节　常用服装缝制工具

对于爱好制作服装的人来说，无论是在自己的工作间，还是在工业化生产中，了解、熟悉并掌握制作服装的基本工具及使用方法，都是非常重要的。我们可以把这些工具分为手缝基本工具、机缝基本工具、服装熨烫工具、制图与打板工具、调试及维修工具、服装检验工具等几大类。

一、手缝基本工具

手缝基本工具如图 4-1 所示。

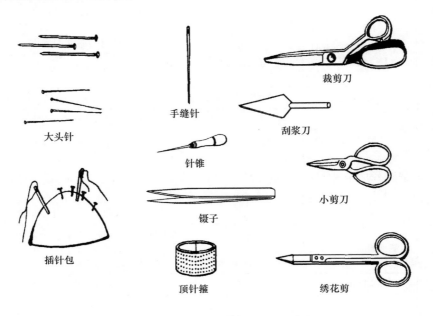

大头针　手缝针　裁剪刀　针锥　刮浆刀　插针包　镊子　小剪刀　顶针箍　绣花剪

图4-1　手缝基本工具

1. 手缝针

手缝针又称手针，针孔一般为细长的椭圆形，是手工缝制服装的主要工具。手针可分为长针、短针、粗针和细针。市场上出售的手针，其长短粗细用针号来表示，针号越小针就越粗。手缝一般常用的是 6 ~ 7 号手针；缝制化纤及丝绸织物常用 8 ~ 9 号手针；锁眼钉扣通常用4 ~ 5 号手针。

2. 顶针箍

顶针箍又称顶针，是一种用金属制成的护指套。手针缝纫时，戴在右指中指上辅助操作。顶针上有密密麻麻的坑窝，用于抵作针鼻，使手针更加容易穿透面料而不至于弄伤手指。顶针的大小要根据操作者手指的粗细情况来选择，以正好套在右手中指第一到第二关节之间舒适为佳。顶针上的小坑窝要深，以防缝制时打滑。使用顶针容易扎透较厚的衣料，有利于提高缝制速度。

3. 剪刀

用于服装裁剪的刀具有若干种，有裁剪用的大剪刀、缝制过程用的小剪刀、修剪线头用的小纱剪等。各种剪刀以刀口锋利、咬合顺适、开剪时剪口端整齐、不起毛茬为好。裁面料的大剪刀如不适手，可用布条缠于剪把，以满足个人手形的需要。

4. 镊子

镊子主要用于拔取线头和穿线时用的辅助工具，也可用于翻领角、翻袋角、机缝时辅助手指推送衣料的工具，使操作准确而又安全。选择镊子时，镊口回弹性要好，镊尖咬合完整无错位现象。

5. 针锥

针锥又称锥子，是由尖头和针柄组成用来钻孔的工具。主要用于拉领尖和挑衣摆角或拆掉缝合线等。在机器车缝时，针锥也可用于辅助推送衣料，使较厚的衣料能够顺利缝合。锥子顶端要求尖锐、锋利，锥体要光滑。

6. 插针包

插针包是供插针用的一种辅助工具，可以套在手腕上或悬挂在机器上使用，既保护大头针又便于拿取方便。

7. 刮浆刀

刮浆刀是刮浆糊用的一种刀片形工具。

8. 大头针

大头针多用于裁剪缝制衣料时，防止布料移动错位，起固定双层衣料的作用。服装立体裁剪时也常使用大头针来固定。

二、机缝基本工具

机缝基本工具如图 4-2 所示。

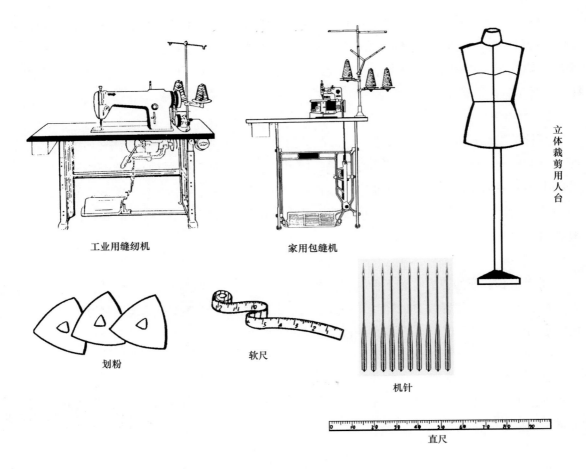

工业用缝纫机

家用包缝机

立体裁剪用人台

划粉

软尺

机针

直尺

图4-2　机缝基本工具

1. 缝纫机

缝纫机是缝制服装所使用的重要机器之一，主要用于衣料各个裁片的缝合。缝纫机可使服装制作的效率大为提高，节约人力和时间，因此被广泛使用。缝纫机一般分为家用脚踏式和工业用电动式两种，市场上出售的有一种专配脚踏式的小型电机，可进一步提高家用脚踏式缝纫机的效率。工业用电动缝纫机按自动化程度可分为普通型和电脑操作两大类。按运转速度又分为低速电机、中速电机和高速电机三类，按照电动机所使用的电源动力又分为三相电机和二相电机。一般家庭缝纫多用二相家用电动缝纫机，小型服装工作室用二相低速工业电机，大型服装厂使用三相高速电机等。

2. 包缝机

包缝机又称锁边机，是为了防止裁片边缘的丝线脱落，将布边锁定的一种机器。按照包缝机所使用的线数，分为三线包缝机和五线包缝机，按照用途可分为家用包缝机和工业用包缝机，按照电机的功率和速度可分为低速包缝机、中速包缝机和高速包缝机等。一般家用时选用三线脚踏式包缝机，工业化生产用三线高速包缝机，而生产针织面料的服装时要使用五线包缝机等。

3. 缝纫机针

缝纫机针又称车缝针，也有家用和工业用两大类。家用缝纫机针的针柄上有一个小平面，而工业用缝纫机针的针柄上呈圆柱形。机针的粗细也以针号区别，但表示方法与手外号码正好相反，即号数越大针柄越粗，号数越小针柄越细。一般缝制真丝、绸缎等轻薄面料时使用9号机针；缝制棉布、涤棉等中等厚度面料时宜用11号机针；缝制涤卡、薄呢等春秋服装的衣料时宜用14号针；缝制灯芯绒、帆布、粗花呢等厚型面料时，宜用16～18号机针。

4. 人体模型

人体模型主要用于缝制过程中假缝试穿时使用，也可用于立体裁剪。

5. 划粉

划粉在缝制服装时用于作标记使用，市场上划粉的种类繁多，一般选择与面料接近的颜色为好。

6. 皮尺

皮尺用于测量各部位尺寸时使用，便于弯曲，使用起来比较方便。

7. 直尺

直尺是缝制过程中用于测量局部数据时使用。

8. 其他专用缝纫机

双针机、钉钮机、锁眼机、打套结机、撬边机等专用缝纫设备。这些专用缝纫设备一般用于工业化生产。

三、熨烫基本工具

熨烫基本工具如图4-3所示。

1. 水布

水布又称烫布，是熨烫服装时覆盖在上面的布。一般用在熨烫毛织物或较厚面料时，为避免长时间的高温损害衣料，防止出现极光现象，可选用纯棉白布作为衬垫。烫布不能采用化纤面料。

2. 木烫凳

木烫凳是熨烫服装的垫烫工具。木制烫凳一般做成长圆形的高脚凳，俗称"马凳"，上覆絮棉并包白布。木烫凳主要用于套进裤腰熨烫裆缝等部位。

3. 铁烫凳

铁烫凳主要用于熨烫服装的缲袖、肩和袖山头的吃势、裤后缝、大衣止口等部位。

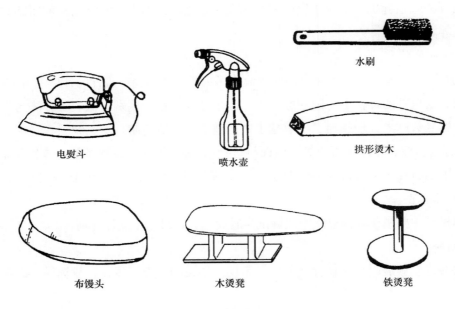

图4-3　熨烫常用工具

4. 拱形烫木

拱形烫木是烫后袖缝、摆缝等的垫烫工具。一般用硬木制成，中间拱起两头低，整体呈弓形。上面覆盖絮棉外包白布。

5. 布馒头

布馒头是熨烫胸部、臀部、驳口用的工具。一般用白粗布作面料，里面充入木屑或黄沙，因形似食用的馒头而得名，垫烫服装的胸部和臀部等丰满处，可使服装的造型更为饱满圆润，具有立体感。布馒头可根据需要制作成不同大小。

6. 喷水壶

喷水壶是熨烫时喷水用的工具。衣料在熨斗加热定型时，需要喷水辅助熨烫。喷水壶所喷出的水珠细而均匀，雾化效果较好，是熨烫工艺操作中不可或缺的一种辅助工具（用蒸汽电熨斗时除外）。使用喷水壶要注意两个要点，一是壶内用水要清洁，否则壶嘴容易堵塞或弄脏衣物；二是按压用力时要均匀适当，这样才能使雾化效果良好。

7. 电熨斗

电熨斗是用于将面料或成衣加温加热的熨烫工具。目前市场上出售的电熨斗主要有普通电熨斗、自动调温电熨斗和蒸汽电熨斗等几种。前两种根据使用的功率可分为300W、500W、700W、1000W等多种，蒸汽电熨斗是用蒸汽加热的熨烫工具，功率一般不低于1000W。选择电熨斗功率的大小应根据衣料的厚薄和衣料的耐温程度来决定。

8. 熨烫工作台

熨烫工作台即熨烫案台，是专门佣于垫烫的工具台，要求台面高度适中，符合操作者的身高体型，以省力合适为宜。家用时无特殊要求，也可与裁剪案台通用。

9. 垫呢

垫呢又称垫毯，是熨烫服装时用的较厚的垫布。垫毯一般用旧的棉绒毯制作，棉毯平而吸水，在熨烫时，毯面上还需要覆盖一层干净的白色棉布。

10. 水刷

水刷是熨烫服装时，在局部给湿的辅助工具。刷子的毛最好是羊毛制成，也可以用其他吸水性较好的材料。羊毛吸水饱满，刷水均匀，而且不易损坏衣物。

11. 机械熨烫工具

机械熨烫工具是指通过机械工具来提供熨烫所需要的温度、湿度、压力、冷却方式以及开合来完成整个熨烫定型全过程的熨烫工具。机械熨烫以蒸汽熨烫为主，主要有三种分类。按熨烫对象可分为西装熨烫机、衬衫熨烫机和针织类熨烫机等；按工艺作用可分为中间工序熨烫机和成品熨烫机；按操作方式可分为手动熨烫机、半自动熨烫机。熨烫机是工业化生产中使用的主要熨烫设备，在必备的蒸汽和压力等基本条件下，还需要与之配套使用的辅助设备，包括锅炉、真空泵和空气压缩机等。

第三节　手针基础缝制工艺

手针工艺是制作服装的一项传统工艺，随着缝纫设备的不断发展，手工工艺不断被取代，但很多款式的服装，尤其是毛料服装，很多工艺过程仍依赖于手工工艺来完成。另外，有些服装的装饰仍离不开手工工艺。在学习服装之前应系统学习一下手针工艺及如何巧妙地运用手针和顶针。因为这是缝制服装的基础，也就是我们常说的"基本功"。

一、顶针和手针的使用方法

顶针是制作手针工艺时的重要工具。因为顶针可以起到辅助手针进行扎针、运针的作用。顶针戴在右手中指的第二节上端为宜（图4-4），如戴的位置靠上或靠下，扎针时手针用不上力。选择顶针要选用洞眼深一些的，洞眼浅容易打滑，易扎破手指。

用针方法：用手捏针时要注意，针尖部位不要暴露太多，拇指和食指捏住针的上段，不能大把攥针；运针时将顶针抵住针鼻，用微力使缝针穿过衣料，用小指挑线（图4-5）。在用针时，下针要稳，拉线要快，到头要轻。

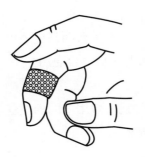

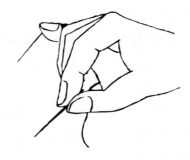

图4-4　顶针的使用方法　　　　图4-5　手针的使用方法

二、手缝工艺

1. 绷针缝

绷针缝的主要作用是使两层或两层以上的衣片临时固定在一起，不易移动，便于下一步服装制作。绷缝法主要作用可分为两种：一是结合部位或部件先经绷针缝后，它只起临时作用，加工完毕，缝线被拆掉，比如假缝试穿，如图 4-6（a）所示。二是机器不能缝合的地方，采用绷针缝来结合，如里料与面料缝份的结合，如图 4-6（b）所示。

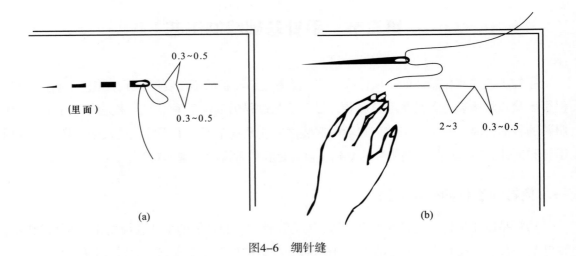

图4-6　绷针缝

2. 半环缝

一边将针回到原来针眼位置的 $\frac{1}{2}$ 处，另一边缝下去。多用于两块布的固定，如图4-7所示。

3. 环针缝

一边将针回到原来针眼的位置，另一边缝下去。如果使用密集的环针缝，可代替机缝，如图 4-8 所示。

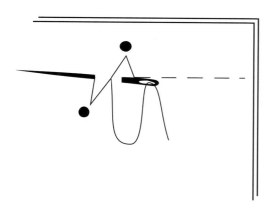

图4-7 半环缝

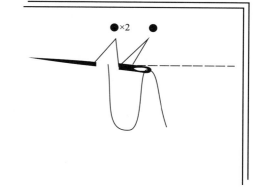

图4-8 环针缝

4．抽缝

抽缝为极细的手缝方法，只是针尖运动，多用于抽褶、抽袖包，如图 4-9 所示。

5．打线丁

线丁是在服装缝制时作为结合部位的标记，一般服装批量生产时已经用划粉取代了打线丁，但是有些高档毛料服装在制作前，还是离不开打线丁这道工序，服装完成后，线丁便可拆除掉。

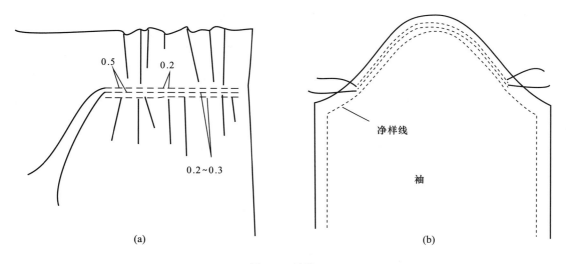

图4-9 抽缝

还有不能用划粉作标记的布料，也采用打线丁的方法。这些布料除毛料外，还有毛较长的混纺面料、丝织品等。用双线的要领与绷缝相同。直线处，针码稍大一些；曲线处，针码小一些，如图 4-10 所示。

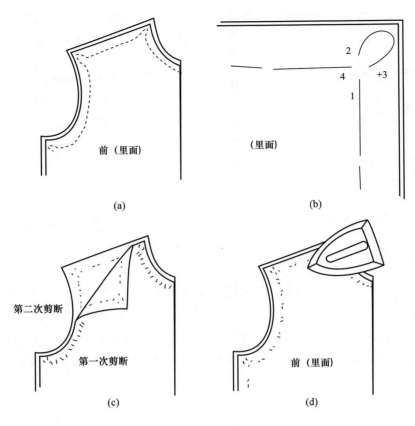

图4-10 打线丁

6. 三角针

对折布的边缘, 从左向右, 用针尖挑一根纱, 用三角形针缝, 将缝份固定。主要用于附着全里面料的西服底边、袖口的缝份处理。起到了固定和防止部件脱纱的作用, 如图4-11所示。

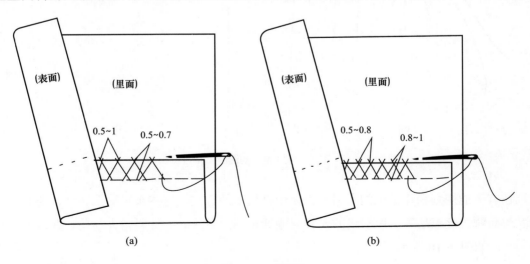

图4-11 三角针

第四节　缝纫机基础缝制工艺

一、机缝主要分类

机缝包括直线缝、角缝、曲线缝、装饰缝、锁边缝。

1. 直线缝

用手指压着布，稍稍用力扒着进行缝制，缝制开始和结束后，注意打倒回针。

2. 角缝

缝制有角度的地方，将机针扎着布，抬起缝纫机的压脚，然后，改变布的方向进行缝制，这样处理的角更漂亮。

3. 曲线缝

缝制曲线处，将压脚的压力稍稍松一松，布就可以自由弯曲移动。

4. 装饰缝

装饰缝兼有设计作用，一般使用缉明线的线或锁扣眼的线，也可以使用不同颜色的线，使所缝制的服装具有一定的立体感。

5. 锁边缝

锁边缝是最常用的缝份处理方法，目的是防止衣片脱丝。一般情况下，我们把已裁剪好的衣片先用包缝机（锁边机）将衣片四周锁边，然后再进行缝制。

二、直线缝的几种基础缝制方法

1. 平缝

把需要缝合在一起的两层衣片表面与表面合起来对齐，用手指压着布，稍稍用力扒着进行缝制，缝制开始和结束后，注意打倒回针，如图4-12所示。

2. 倒缝

倒缝是把两层需要缝合在一起的衣料表面与表面合起来先进行平缝，再锁边，熨烫时缝份倒向一侧，如图4-13所示。一般多用于较薄的面料或纱料。

3. 劈缝

劈缝是指两层缝合在一起的衣料的缝份，在熨烫时，缝份向两侧劈开熨烫，如图4-14所示。

4. 包缝

（1）衣料的表面与表面合起来进行机缝后，将一片的缝份剪去 $\frac{1}{2}$ 或稍比 $\frac{1}{2}$ 多一些，或

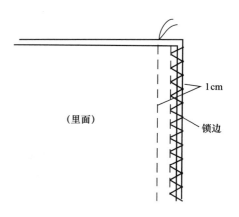

（里面）

1cm

锁边

图4-12　平缝

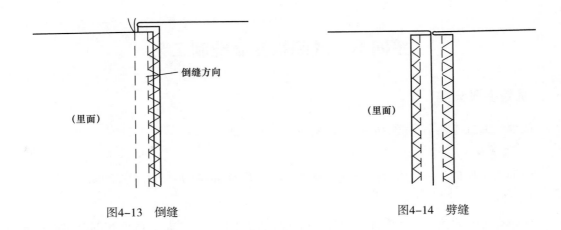

图4-13 倒缝　　　　　　　　　　　图4-14 劈缝

者最初裁剪时，使两片的缝份大小有一定的差，如图4-15（a）所示。

（2）使幅宽和缝份包着幅窄的那一片，然后使缝份朝缝份窄的那一片倒，之后进行熨烫，如图4-15（b）所示。

（3）然后从里面压明线缝，如图4-15（c）所示。

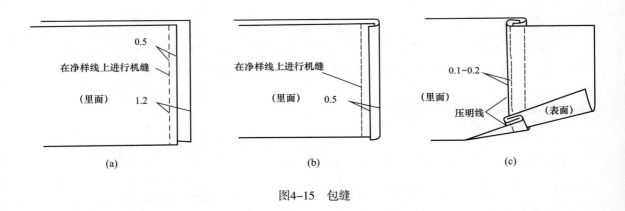

(a)　　　　　　　　　　(b)　　　　　　　　　　(c)

图4-15 包缝

5. 袋缝

袋缝适合于透明、容易起毛边的布料缝制。

（1）首先将两片衣料里对里，然后距离净样线0.5 ~ 1cm的外侧进行机缝，之后，将两片缝份剪至0.3 ~ 0.7cm，用净样线上压明线，如图4-16（a）所示。

（2）最后将衣料表面对表面，在净样线上压明线，如图4-16（b）所示。

6. 缉缝

缉缝包括劈烫缉缝和倒烫缉缝两种。

（1）劈烫缉缝。衣料的表面对表面进行机缝，熨烫劈开缝份，将缝份的边缘分别折进0.5cm，左右缝份固定后，从表面压明线，如图4-17（a）所示。

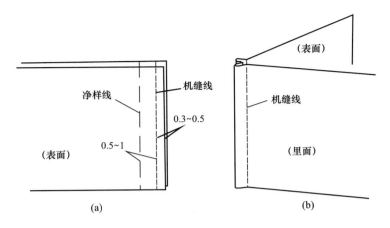

图4-16　袋缝

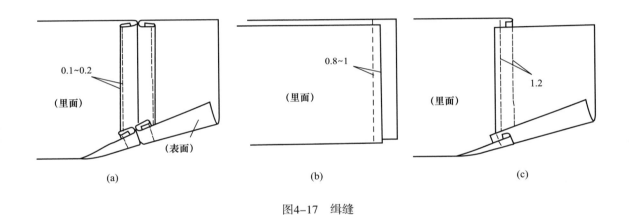

图4-17　缉缝

（2）倒烫缉缝。把需要缝合在一起的两层衣片正面对正面放好，使上层衣片缩进0.5cm，依据上层衣片的边缘缝制0.8 ～ 1cm的缝份，然后把上层衣片向右打开，在衣料表面压1.2cm的明线。此种方法多用于大衣的制作，如图4-17（b）所示。

7. 三折缝

三折缝也称卷边缝，是处理衣服底边的缝制方法，包括不完全三折缝、完全三折缝两种。

（1）不完全三折缝：适用于不透明的布料，如图4-18（a）所示。

（2）完全三折缝：适用于透明的布料，如图4-18（b）所示。

8. 斜纱条的裁剪与使用方法

（1）裁剪斜纱条：斜纱条应采用45°的正斜纱进行裁剪，宽度为3cm左右，如图4-19所示。

（2）裁剪时要注意布的纱向，将裁剪线整齐地合在一起进行机缝。

（3）缝制完毕后，将缝份劈开、熨烫，将多余的剪去。

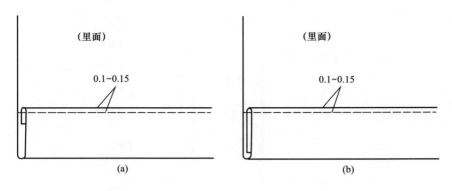

图4-18　三折缝

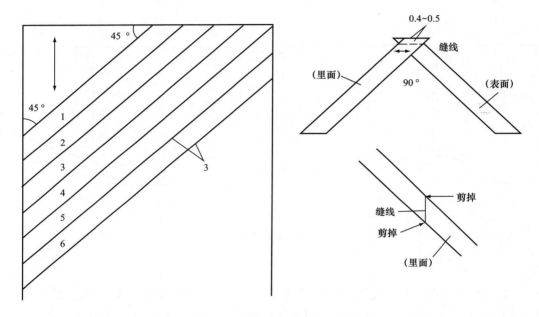

图4-19　裁剪斜纱条

（4）斜纱条包边的制作：将斜纱条的表面与衣料的表面相对进行机缝。

（5）将斜纱条的另一边折烫，翻到衣料的背面，宽度比表面略宽，然后落缝缉压明线，要求缝住里面的斜纱条。

（6）也可以将斜纱条的另一边折烫，翻到衣料的背面进行手缝。

（7）有弧度的部位加斜纱条时应注意，向内弧度适当用力拉紧斜纱条再进行缝线。向外弧度，适当在弧度大的部位放松斜纱条，留有吃量进行缝线，如图4-20所示。

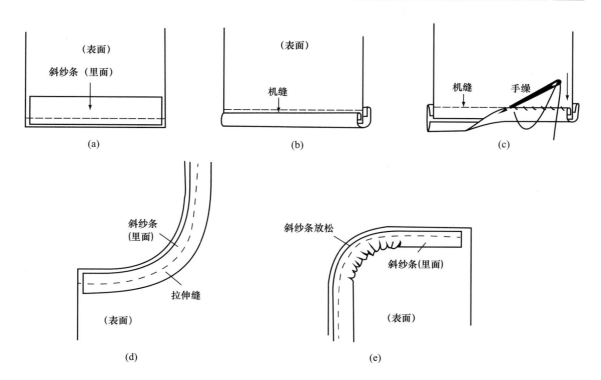

图4-20　斜纱条缝制方法

第五章　服装领型、袖型、口袋的裁剪

第一节　服装领型的裁剪

领子是服装款式中非常重要的一个组成部分，因为接近人的头部，映衬着人的脸部，所以最容易成为视线集中的焦点。

领子包括无领型结构和有领型结构两部分。领型的设计要适合颈部的结构及颈部活动规律，满足服装的适体性。颈部从侧面观察，略向前倾斜，活动时，颈的上部摆动幅度大于颈的根部，领子的变化要充分考虑颈部的活动机能。

一、圆领口裁剪

沿颈根部呈圆形的领口叫圆领口，原型的领口也属于圆领口的一种。领口的大小要根据设计的不同进行变化。如果领口处无开口，设计领口大小时就要考虑能套过头，满足穿着需要。圆领口如图 5-1 所示。

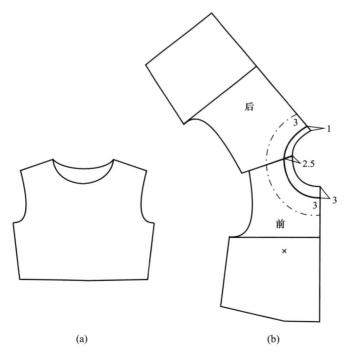

(a)　　　　　　　　　(b)

图5-1　圆领口

二、方领口裁剪

方领口顾名思义四角呈方形结构，同圆领口相比更具有个性。设计领口时，直角线适当向里倾斜，视觉效果会更好一些，使两个直角不外张。贴边可向外翻折，既美观又使领口更加牢固。方领口如图5-2所示。

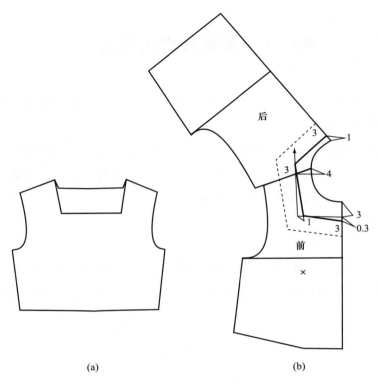

(a)   (b)

图5-2 方领口

三、立领裁剪

立领是一款比较常用型的领子，因可以直立于颈部周围，又可以翻下来，运动、时尚，给人以简洁、干练的感觉。立领广泛用于衬衫、夹克、大衣、羽绒服等款式当中。立领如图5-3所示。

四、娃娃领裁剪

娃娃领是一款活泼可爱型的领子，领座很低，平翻在衣身上，领子越宽，领外围尺寸越大，需要把领子做得更加服帖，因此，制图时肩线有一部分重叠量，以保证领外围尺寸。通过娃娃领在领宽与领口的变化，可以制作出各式各样的形状，从童装到女装被广泛应用。娃娃领如图5-4所示。

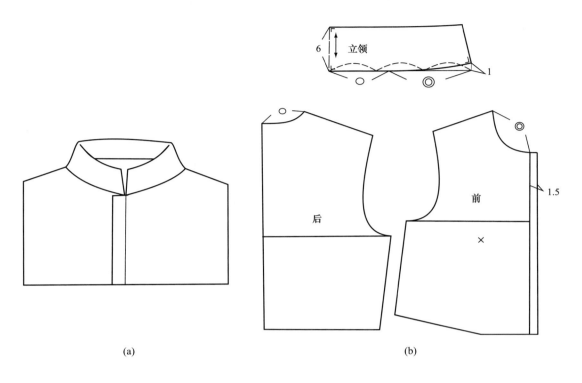

(a)　　　　　　　　　　　(b)

图5-3　立领

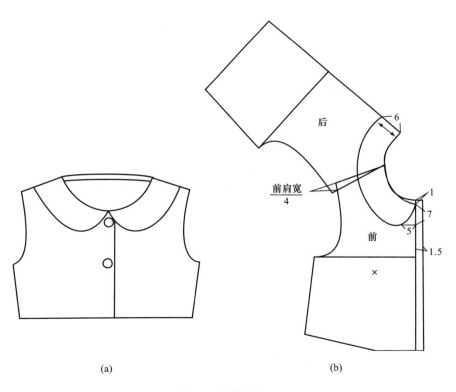

(a)　　　　　　　　　　　(b)

图5-4　娃娃领

五、蝴蝶结领裁剪

蝴蝶结领给人以可爱、华丽的感觉。带宽和带长要看系好以后的效果而定，绱领止点要考虑打结的厚度，如果裁成斜纱效果会更好。蝴蝶结领如图 5-5 所示。

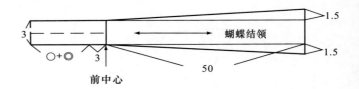

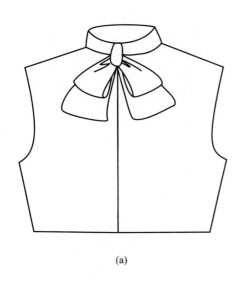

(a)

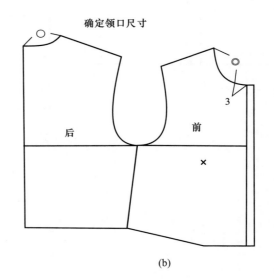

确定领口尺寸

(b)

图5-5　蝴蝶结领

第二节　服装袖型的裁剪

一、直筒袖裁剪

直筒袖是所有袖子中比较常用的一款袖型，袖口装有袖克夫（袖头），袖口处设计2个活褶，适合衬衫、连衣裙、小外套等和衣身搭配起来使用。直筒袖如图 5-6 所示。

二、灯笼袖裁剪

顾名思义，灯笼袖是外形像灯笼造型，袖口抽褶，袖头扎紧，使其产生膨胀感，给人以活泼可爱的感觉。灯笼袖一般设计成半袖较多，很适合夏季穿着。灯笼袖如图 5-7 所示。

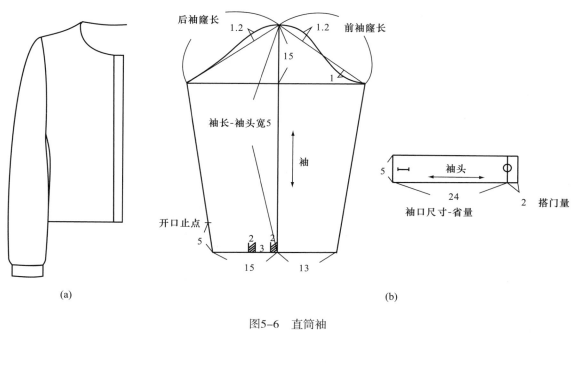

图5-6　直筒袖

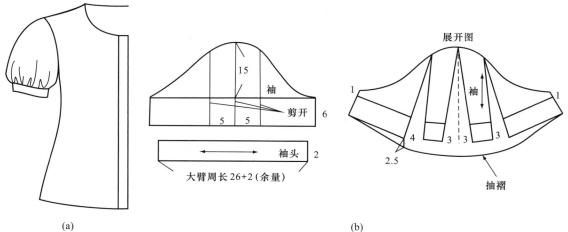

图5-7　灯笼袖

三、花瓣袖裁剪

花瓣袖是在基本款袖子的基础上，对袖子进行的设计变化，形似花瓣。将一片袖分成两片，使袖型不像一片袖那样拘谨，增添了几分活泼。花瓣袖如图 5-8 所示。

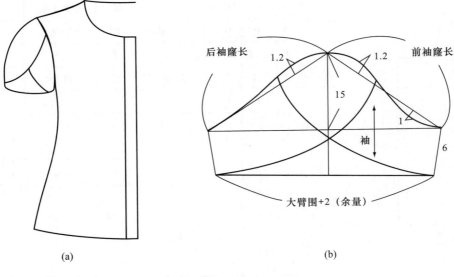

图5-8 花瓣袖

四、喇叭袖裁剪

喇叭袖形似喇叭花，袖口可以设计成七分袖，袖头展开后再与袖口缝合，显得袖口边缘更加飘逸，有动感。喇叭袖如图 5-9 所示。

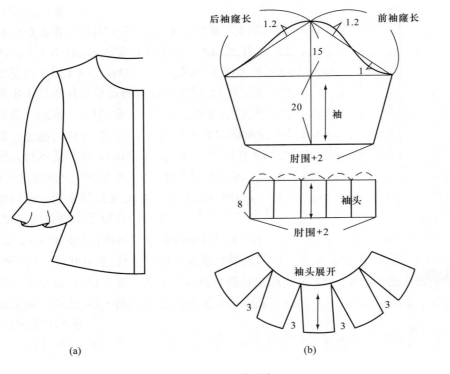

图5-9 喇叭袖

第三节 服装口袋的裁剪

口袋在服装设计中，不仅起到装饰、美化服装的作用，而且有一定的功能性。口袋的形状多种多样，有贴袋、挖袋、立体袋等。可将各种小物件装入口袋里，比如钥匙、手机、纸巾等生活必备的小物品，冬季还可以把手插在口袋里，起到保暖作用，因此，口袋也是服装重要的零部件之一。

一、 尖角贴袋裁剪

尖角贴袋是比较常用的一款口袋，适用于衬衫、牛仔裤、童装等服装上使用。尖角贴袋如图 5-10 所示。

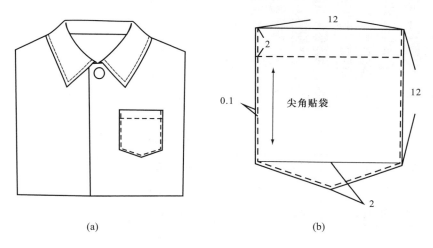

图5-10 尖角贴袋

二、圆角贴袋裁剪

圆角贴袋是在尖角贴袋的基础上变化成了圆角的形状，一般常用于西服、休闲装的身片上，可压明线或者手针缲缝，儿童装也多用于圆角贴袋作为装饰使用。圆角贴袋如图 5-11 所示。

三、双袋牙口袋裁剪

双袋牙（双嵌线）口袋是指上下各有一个牙子，两个牙子中间开口，牙子宽度一般根据服装款式来定，主要应用于西服和裤子后戗袋，也是挖袋的其中一种。双袋牙口袋如图 5-12 所示。

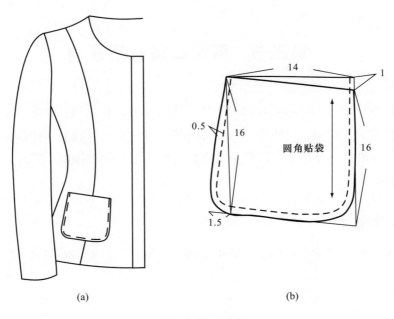

(a)   (b)

图5-11　圆角贴袋

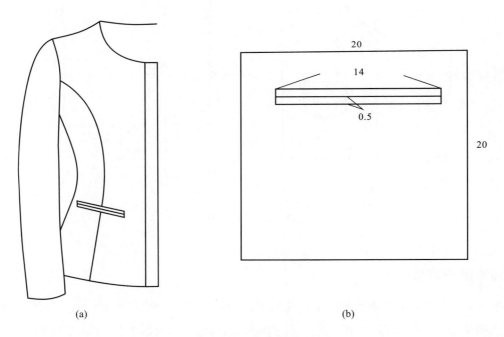

(a)   (b)

图5-12　双袋牙口袋

四、单袋牙口袋裁剪

　　单袋牙（单嵌线）口袋是指袋口为一个牙子，牙条比双袋牙要宽一些，使袋口饱满挺括，一般常用于裤子后戗袋、马甲、夹克等服装上使用。单袋牙口袋如图 5-13 所示。

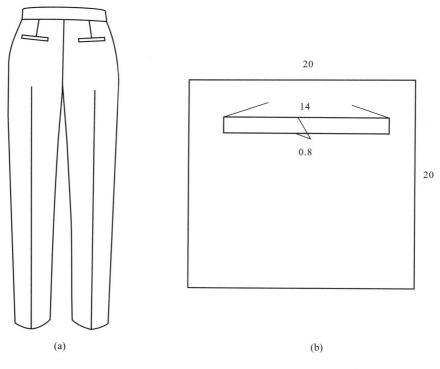

(a)　　　　　　　　　　　　　　　(b)

图5-13　单袋牙口袋

五、斜插袋裁剪

斜插袋类似于单袋牙口袋，袋型为竖向结构，考虑到插手、装东西方便，袋口要有一定的斜度，一般应用于夹克、风衣等服装上比较多。斜插袋如图 5-14 所示。

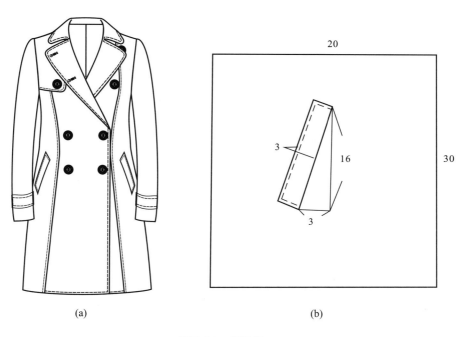

(a)　　　　　　　　　　　　　　　(b)

图5-14　斜插袋

第六章　女装裁剪实例

第一节　吊带背心的裁剪

一、款式说明

　　吊带背心，可作为内衣来穿着，也适用于和外衣搭配使用。材料最好选择针织弹力面料为好，柔软舒适，穿脱方便。吊带背心款式图如图6-1所示。

二、成品规格表（表6-1）

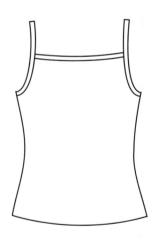

图6-1　吊带背心款式图

表6-1　吊带背心成品规格表　　　　　　　　　　　　　　　单位：cm

部位	号型	衣长	胸围（B）	背长
规格	160/84A	46	86	40

面料使用量：幅宽140cm，长50cm。

三、服装结构图（图6-2）

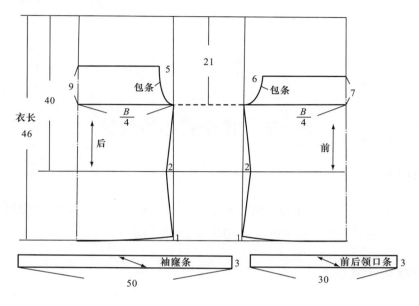

图6-2　吊带背心结构图

第二节　无袖衬衫的裁剪

一、款式说明

无袖衬衫款式简洁、大方，适宜夏季较炎热的天气穿着。本款衬衫在前身片中加入了交叉线，用花边或者包边作为点缀，可以起到装饰作用，而前后片中的腰省缝起到了合体、收腰的效果。无袖衬衫款式图如图 6-3 所示。

图6-3　无袖衬衫款式图

二、成品规格表（表6-2）

表6-2　无袖衬衫成品规格表　　　　　　　　　　　　单位：cm

号型	胸围（B）	肩宽（S）	衣长	背长
165/84A	92	36	54	38

面料使用量：幅宽140cm，长65cm。

三、服装结构图（图6-4）

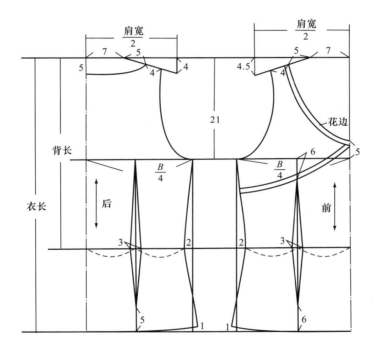

图6-4　无袖衬衫结构图

第三节　蝙蝠袖女上衣的裁剪

一、款式说明

蝙蝠袖女上衣，宽松的外形，舒适、随意，适合各种体型的女性穿着，衣身结构不需要任何结构线，裁剪制作都比较方便。为了体现良好的舒适性，最好选择柔软、轻薄的面料。蝙蝠袖女上衣如图6-5所示。

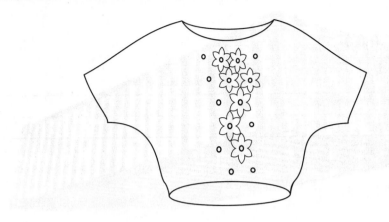

图6-5　蝙蝠袖女上衣款式图

二、成品规格表（表6-3）

表6-3　蝙蝠袖女上衣成品规格表　　　　　　　　单位：cm

号型	胸围（B）	肩宽（S）	衣长	袖长
165/84A	100	38	49	35

面料使用量：幅宽140cm，长65cm。

三、服装结构图（图6-6）

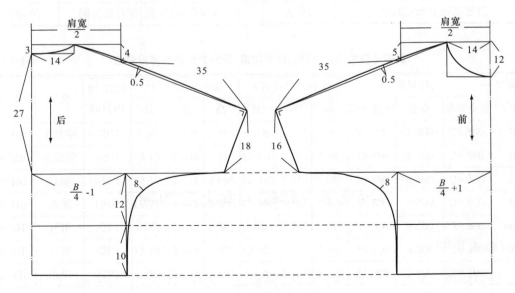

图6-6　蝙蝠袖女上衣结构图

第四节 翻领女衬衫的裁剪

一、款式说明

如图 6-7 所示，这是一款简洁而实用的女衬衫，小翻领结构，前门襟配有 6 粒扣子，衣身两侧略带收腰，但有一定的放松量，在设计衣长、袖长时可根据流行而变化。

图6-7 翻领女衬衫款式图

二、成品规格表（表6-4）

表6-4 翻领女衬衫成品规格表　　　　单位：cm

号型	胸围（B）	肩宽（S）	衣长	袖长	领围
165/84A	94	38	56	56	38

面料使用量：幅宽140cm，长150cm。

三、服装结构图（图6-8）

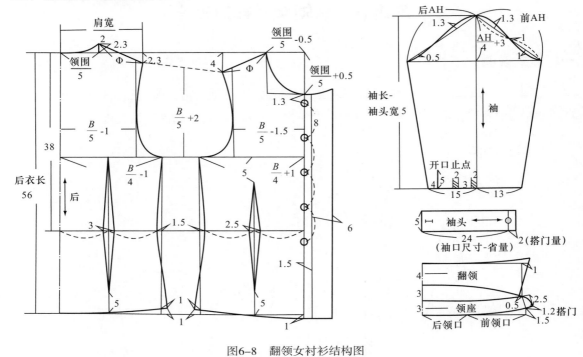

图6-8　翻领女衬衫结构图

第五节　娃娃领女衬衫的裁剪

图6-9　娃娃领女衬衫款式图

一、款式说明

如图 6-9 所示，这是一款比较时尚的收腰型衬衫，印花布和单色布结合使用，后中装拉链，属于套头式衬衫，小泡泡袖，袖口和后中线有开衩，很适合年轻人穿着。

二、成品规格表（表6-5）

表6-5　娃娃领女衬衫成品规格表

单位：cm

号型	胸围（B）	肩宽（S）	衣长	袖长	领围
165/84A	94	36	58	56	38

面料使用量：幅宽140cm，长150cm。

三、服装结构图（图6-10）

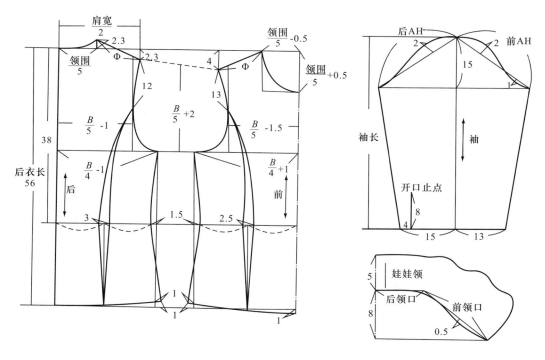

图6-10　娃娃领女衬衫结构图

第六节　直筒裙裁剪

一、款式说明

　　直筒裙比较贴身、合体。从腰部到臀部紧贴身体，从臀部到下摆呈直筒状，外形线条优美流畅，能充分表现女性的优雅与潇洒。直筒裙如图 6-11 所示。

图6-11　直筒裙款式图

二、成品规格表（表6-6）

表6-6　直筒裙成品规格表　　　　　　　　　　　　　　　　　　单位：cm

部位	号型	裙长	腰围（W）	臀围（H）	腰长
规格	160/68A	52	68	96	18

面料使用量：幅宽140cm，长60cm。

三、服装结构图（图6-12）

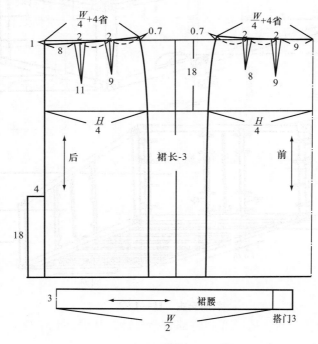

图6-12　直筒裙结构图

第七节 斜裙的裁剪

一、款式说明

斜裙也属于褶裙，只是褶皱产生的部位不同，它是由上而下形成的自然下垂所产生的褶皱，是按照下摆的展开量来决定褶的大小，一般常见的有 90°斜裙和 180°斜裙，为了达到好的效果，在选择面料上，要柔软性好的有悬垂效果的面料为宜。斜裙款式图如图 6-13 所示。

图6-13 斜裙款式图

二、成品规格表（表6-7）

表6-7 斜裙成品规格表 单位：cm

部位	号型	裙长	腰围（W）	腰长
规格	160/68A	70	68	18

面料使用量：幅宽140cm，长150cm。

三、服装结构图（图6-14）

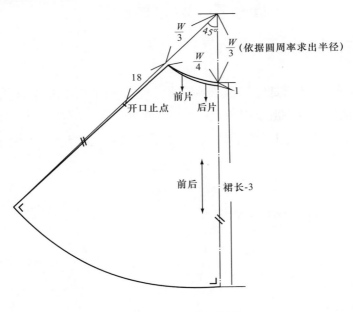

图6-14　斜裙结构图

第八节　A字裙的裁剪

一、款式说明

A字裙是在直筒裙的基础上，将下摆两侧向外倾斜一定角度，而形成的A字造型，裙子不宜过长，短小精干，比较适合年轻人穿着。A字裙款式图如图6-15所示。

图6-15　A字裙款式图

二、成品规格表（表6-8）

表6-8 A字裙成品规格表 　　　　　　单位：cm

部位	号型	裙长	腰围（W）	臀围（H）	腰长
规格	160/68A	45	68	96	18

面料使用量：幅宽140cm，长50cm。

三、服装结构图（图6-16）

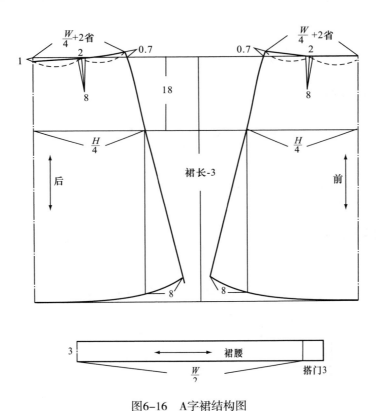

图6-16　A字裙结构图

第九节　开衩短裙的裁剪

一、款式说明

开衩短裙款式简洁、干练，活动起来比直筒裙更方便，在裙摆的右前侧设计了一条分割线以及开衩，腰部省缝需要折叠处理，腰部下方有一道横分割线，腰省量全部转移到分割线上，无腰头，右侧装隐形拉链。开衩短裙款式图如图 6-17 所示。

图6-17 开衩短裙款式图

二、成品规格表（表6-9）

表6-9 开衩短裙成品规格表 单位：cm

部位	号型	裙长	腰围（W）	臀围（H）	腰长
规格	160/68A	50	68	94	18

面料使用量：幅宽140cm，长55cm。

三、服装结构图（图6-18）

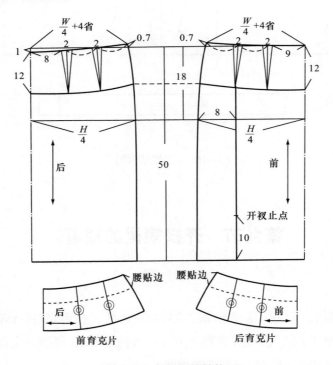

图6-18 开衩短裙结构图

第十节 塔裙的裁剪

一、款式说明

塔裙又称阶裙，形似台阶，每加一层它的高度和长度都会增加，每层抽成碎褶，使裙摆产生膨胀效果，适合选用柔软的薄纱面料制作。塔裙如图6-19所示。

二、成品规格表（表6-10）

表6-10 塔裙成品规格表
单位：cm

部位	号型	裙长	腰围（W）	臀围（H）	腰长
规格	160/68A	72	68	96	18

面料使用量：幅宽140cm，长80cm。

三、服装结构图（图6-20）

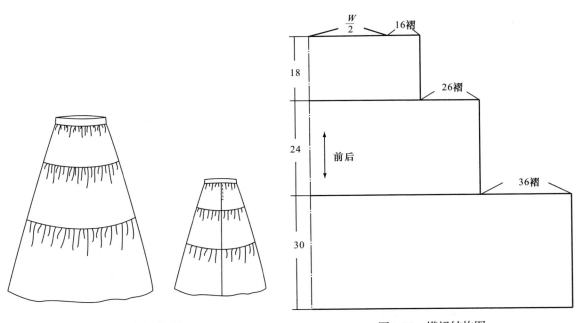

图6-19 塔裙款式图

图6-20 塔裙结构图

第十一节　收腰连衣裙的裁剪

一、款式说明

如图6-21所示，收腰连衣裙能够显现出穿着者腰身，下摆呈A字型，无袖，一字领结构，属于连衣裙中的基本型款式，很适合初学者学习。

图6-21　收腰连衣裙款式图

二、成品规格表（表6-11）

表6-11　收腰连衣裙成品规格表　　　　　　　　　　　单位：cm

部位	号型	胸围（B）	肩宽（S）	臀围（H）	裙长
规格	160/68A	94	36	96	90

面料使用量：幅宽140cm，长100cm。

三、服装结构图（图6-22）

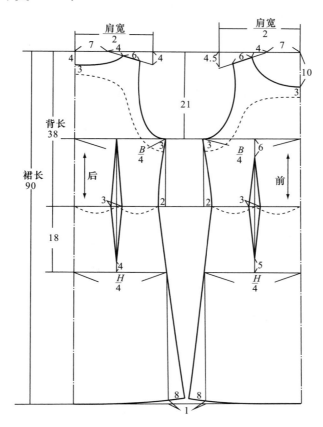

图6-22　收腰连衣裙结构图

第十二节　抽褶式连衣裙的裁剪

一、款式说明

　　如图6-23所示，抽褶式连衣裙在腰部的地方抽成碎褶，使裙子形成蓬松效果，不仅美观，活动起来也很方便，加上盖袖设计，显得凉爽、精神、富有朝气。

二、成品规格表（表6-12）

表6-12　抽褶式连衣裙成品规格表　　　　　　　　　　　　单位：cm

部位	号型	胸围（B）	肩宽（S）	裙长
规格	160/68A	94	36	85

面料使用量：幅宽140cm，长150cm。

图6-23　抽褶式连衣裙款式图

三、服装结构图（图6-24）

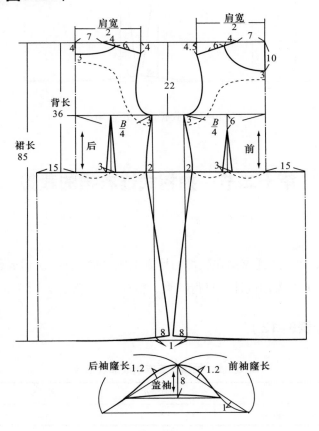

图6-24　抽褶式连衣裙结构图

第十三节　沙滩连衣裙的裁剪

一、款式说明

　　沙滩连衣裙比较适合海边、休闲度假时穿着，前胸抽碎褶，吊带和袖窿连包成整圈，还可以和开衫小外套搭配一起穿着。沙滩连衣裙款式图如图6-25所示。

图6-25　沙滩连衣裙款式图

二、成品规格表（表6-13）

表6-13　沙滩连衣裙成品规格表　　　　　　　　　　　　单位：cm

部位	号型	胸围（B）	肩宽（S）	臀围（H）	裙长
规格	160/68A	94	36	96	92

面料使用量：幅宽140cm，长100cm。

三、服装结构图（图6-26）

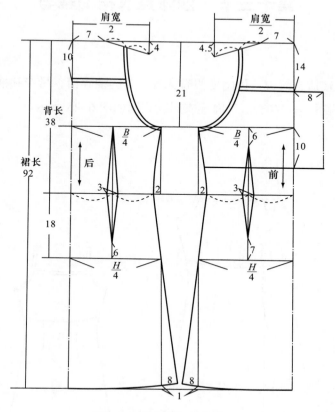

图6-26　沙滩连衣裙结构图

第十四节　裙裤的裁剪

一、款式说明

　　如图6-27所示，这是一款具有很高机能性的运动型裙裤，顾名思义，外形似裙子，实际为裤子的结构，因裤口较肥遮挡住了下档缝，所以巧妙的设计，让裤子又有了全新的变化。可用作外出服、休闲服、运动服等多种用途。选择面料时要避开易伸缩、粗糙容易变形的面料。

二、成品规格表（表6-14）

表6-14　裙裤成品规格表　　　　　　　　　　　　单位：cm

号型	裤长	腰围（W）	臀围（H）	上裆
165/68A	60	72	106	28

面料使用量：幅宽140cm，长70cm。

图6-27 裙裤款式图

三、服装结构图（图6-28）

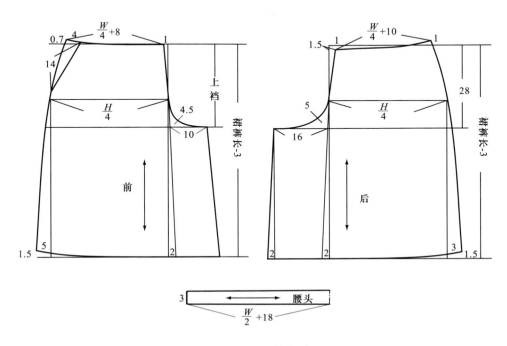

图6-28 裙裤结构图

第十五节　女式直筒裤的裁剪

一、款式说明

如图6-29所示，女式直筒裤造型美观，穿着方便，其主要特点是腰部、臀部较为合体，脚口、膝围尺寸适中，大小一致。穿着后外形显得高挑挺拔潇洒。此款式为装腰头，前片左右反折裥两个，两侧缝斜插袋，后裤片左右各收省两个，前门襟装拉链。可以使用一般的毛料、棉、麻织物和化纤布料或混纺面料等。

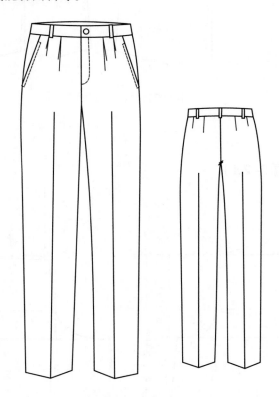

图6-29　女式直筒裤款式图

二、成品规格表

表6-15　女式直筒裤成品规格表　　　　　　　　　　　　　　　　单位：cm

号型	部位	裤长	腰围（W）	臀围（H）	脚口
160/66A	规格	100	68	98	24

面料使用量：幅宽140cm，长110cm。

三、服装结构图（图6-30）

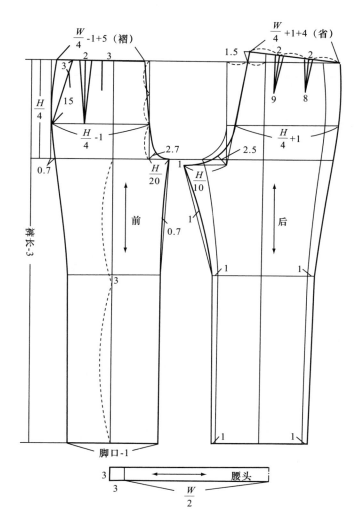

图6-30 女式直筒裤结构图

第十六节 女式牛仔裤的裁剪

一、款式说明

牛仔裤应用非常广泛，具有很高的机能性，是年轻人一直热衷的服装款式之一。牛仔裤臀部较紧，前片口袋为矩形插袋，前门装拉链，后片拼后翘，贴袋缉装饰明线，如图 6-31 所示。

二、成品规格表（表6-16）

表6-16　女式牛仔裤成品规格表　　　　　　　　　单位：cm

号型	部位	裤长	腰围（W）	臀围（H）	脚口
160/66A	规格	100	68	98	22

面料使用量：幅宽140cm，长110cm。

三、服装结构图（图6-32）

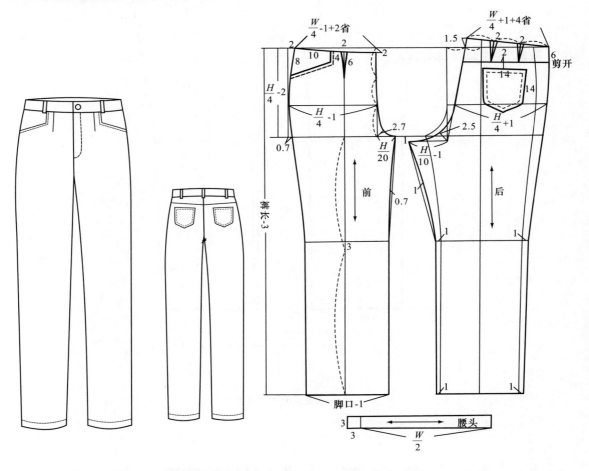

图6-31　女式牛仔裤款式图　　　　　　　　图6-32　女式牛仔裤结构图

第十七节　女式铅笔裤的裁剪

一、款式说明

如图 6-33 所示的这款女裤，裤型为上宽下窄型结构，形似铅笔，顾以铅笔裤命名，比较时尚，老少皆宜。在原有西裤的基础上，添加了两条分割线，使每条裤片呈 4 片结构，两侧的口袋用拉链做装饰，使裤子的休闲感觉更明显，所以在面料的选择上多以纯棉织物为宜。

二、成品规格表（表6-17）

表6-17 女式铅笔裤成品规格表 单位：cm

号型	部位	裤长	腰围（W）	臀围（H）	脚口
160/66A	规格	100	68	98	20

面料使用量：幅宽 140cm，长 110cm。

三、服装结构图（图6-34）

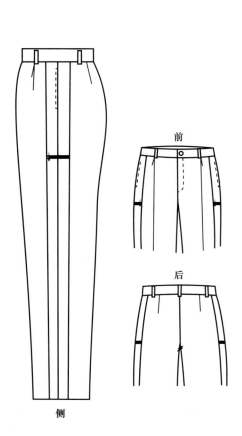

图6-33 女式铅笔裤款式图

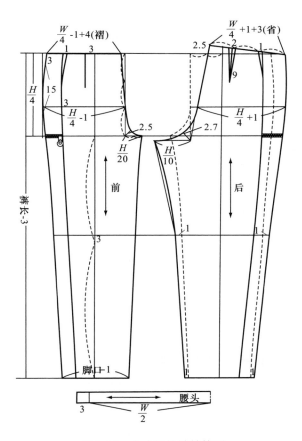

图6-34 女式铅笔裤结构图

第十八节　女式松紧带休闲裤的裁剪

一、款式说明

如图 6-35 所示，这是一款家居型女式休闲裤，腰口穿松紧带，臀围加放量较大，活动起来比较方便，适于晨练、家居以及休闲时穿用。

图6-35　女式松紧带休闲裤款式图

二、成品规格表（表6-18）

表6-18　松紧带休闲裤成品规格表　　　　　　　　单位：cm

号型	裤长	腰围（W）	臀围（H）	脚口宽
165/68A	100	70	105	21

面料使用量：幅宽140cm，长 110cm。

三、服装结构图（图6-36）

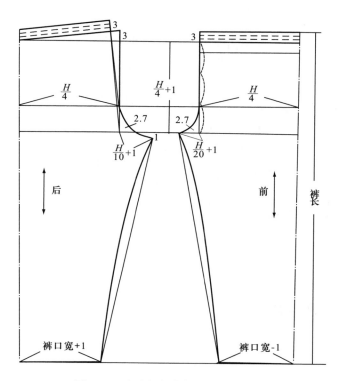

图6-36　女式松紧带休闲裤结构图

第十九节　无领女西服的裁剪

一、款式说明

如图 6-37 所示的女西服，属于无领结构，前门襟为双排两粒扣，圆摆，前腋下分割线和腰省缝的长度收到袋口上方，后片有分割线，形成前后各两片的衣身结构，套穿的内衣最好是有领子的衬衫或者搭配丝巾比较好。

二、成品规格表（表6-19）

表6-19　无领女西服成品规格表　　　　　　　　　　　单位：cm

号型	胸围（B）	肩宽（S）	衣长	腰节	袖长	袖口宽	领围
165/84A	94	38	58	38	56	13	38

面料使用量：幅宽140cm，长150cm。

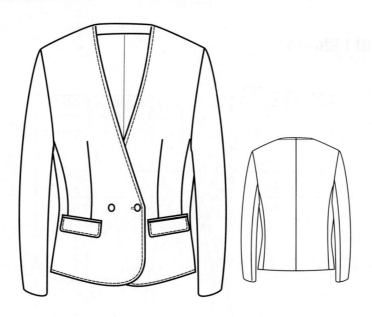

图6-37　无领女西服款式图

三、服装结构图（图6-38）

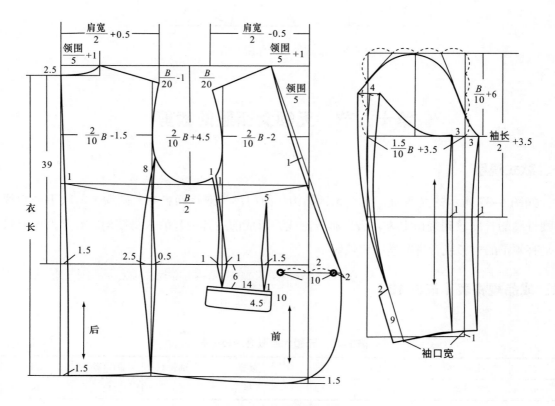

图6-38　无领女西服结构图

第二十节 立驳领女西服的裁剪

一、款式说明

如图6-39所示，这是一款简洁、精致、比较合体的女西服，把西服领变化成立领，前后身收腰省，一粒纽扣，既简单又大方。

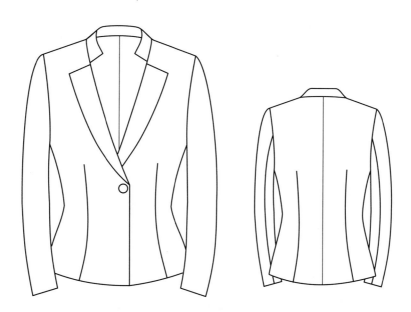

图6-39 立驳领女西服款式图

二、成品规格表（表6-20）

表6-20 立驳领女西服成品规格表　　　　　　　　　　单位：cm

号型	胸围（B）	肩宽（S）	衣长	腰节	袖长	袖口宽	领围
165/84A	94	38	58	38	56	13	38

面料使用量：幅宽140cm，长150cm。

三、服装结构图（图6-40）

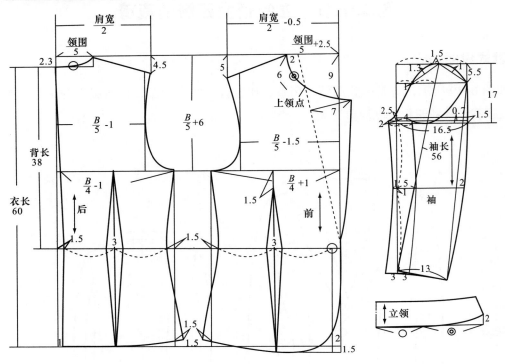

图6-40　立驳领女西服结构图

第二十一节　刀背线女西服的裁剪

一、款式说明

如图6-41所示，刀背线女西服，除了四开身、平驳领、单排两粒扣的传统款式外，在领、袖、门襟、口袋、下摆以及宽松度、长度上可以有较丰富的款式变化，女式正装上衣一般采用这种款式。这类服装适用面广，从日常生活到社交、外出、办公等，只要选择适当的造型和材料，女式正装上衣是一年中任何季节都能穿着的理想服装。

二、成品规格表（表6-21）

表6-21　刀背线女西服成品规格表　　　　　　　　　　　　单位：cm

号型	胸围（B）	肩宽（S）	衣长	袖长	袖口宽	领围
165/84A	96	38	60	56	13	38

面料使用量：幅宽140cm，长150cm。

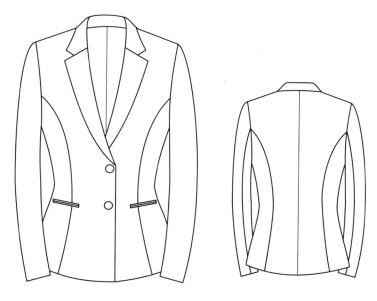

图6-41　刀背线女西服款式图

三、服装结构图（图6-42）

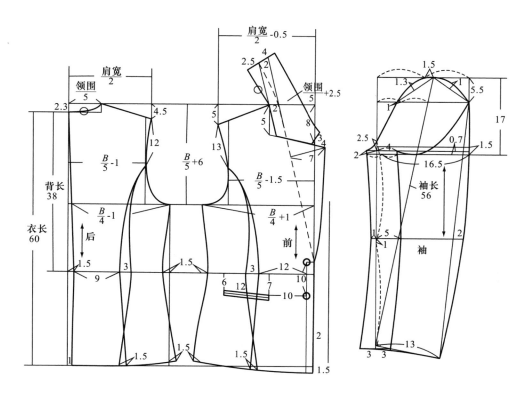

图6-42　刀背线女西服结构图

第七章　男装裁剪实例

第一节　男式衬衫的裁剪

一、款式说明

如图7-1所示,这是一款普通男式衬衫,前门六粒纽扣,左侧有一个贴袋,装袖头,有育克,衬衫领。根据季节的不同,穿着方式也不一样,夏季可作为休闲衬衫来穿,春秋季节可穿在西服或外套的里面,也可以搭配领带。正式场合最好选择单色面料,如果是休闲、度假、外出时,可选择条格、暗花、色彩鲜艳的衬衫面料。

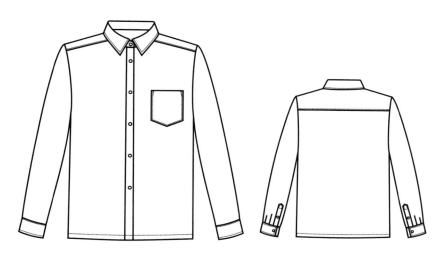

图7-1　男式衬衫款式图

二、成品规格表（表7-1）

表7-1　男式衬衫成品规格表

单位：cm

号型	胸围（B）	肩宽（S）	衣长	袖长	领围	袖口
175/96A	112	46	74	58	41	24

面料使用量:幅宽140cm,长160cm。

三、服装结构图（图7-2）

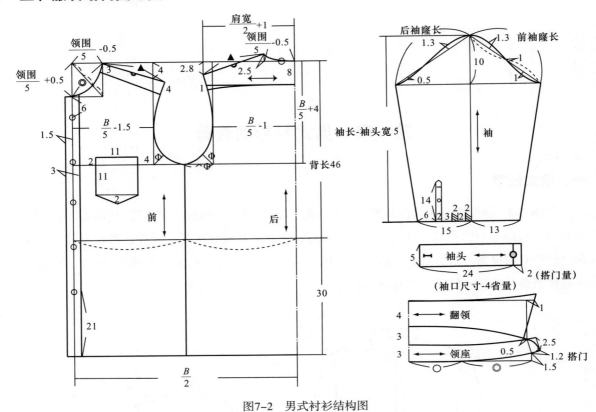

图7-2　男式衬衫结构图

第二节　男式收腰型衬衫的裁剪

一、款式说明

如图 7-3 所示，男士收腰型衬衫，是在普通型衬衫的基础上加入省缝变化的衬衫，收腰、合体，能显现出男子体型，也是现今较为流行的一款时尚衬衫。因面料比较贴身，宜选择棉类或麻类等舒适型材料。

二、成品规格表（表7-2）

表7-2　男式收腰型衬衫成品规格表　　　　　　　　　　　　单位：cm

号型	胸围（B）	肩宽（S）	衣长	袖长	领围	袖口
175/96A	110	45	72	58	41	24

面料使用量：幅宽140cm，长160cm。

图7-3 男式收腰型衬衫款式图

三、服装结构图（图7-4）

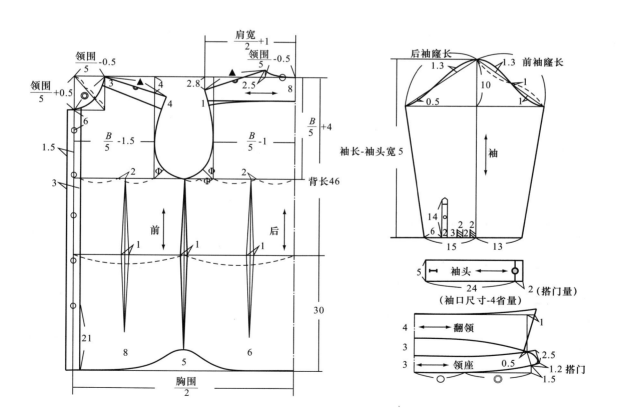

图7-4 男式收腰型衬衫结构图

第三节　男式T恤的裁剪

一、款式说明

如图 7-5 所示，男士 T 恤，是老少皆宜、穿着舒适、休闲时尚的夏季服装，选择的材料多以针织面料为主，领子使用伸缩性能较好的针织罗纹面料，夏季穿着即凉爽、透气性又好。

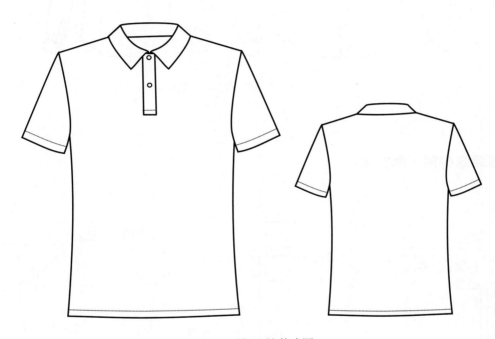

图7-5　男士T恤款式图

二、成品规格表（表7-3）

表7-3　男式T恤成品规格表　　　　　　　　　　　单位：cm

号型	胸围（B）	肩宽（S）	衣长	袖长	领围	袖口
175/96A	114	46	70	22	41	36

面料使用量：幅宽140cm，长110cm。

三、服装结构图（图7-6）

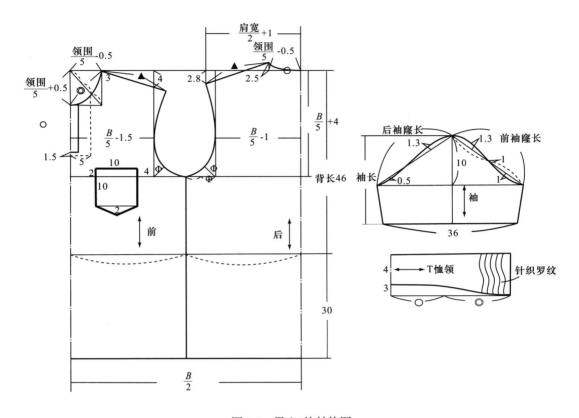

图7-6　男士T恤结构图

第四节　男式短裤的裁剪

一、款式说明

如图 7-7 所示，男式短裤的裤长在膝围线以上，根据年龄和穿着习惯而定。短裤穿脱方便、舒适、凉爽，是夏季男士们最受欢迎的一款下装。材料的使用一般为薄型毛料、棉、麻、化纤等。

图7-7 男式短裤款式图

二、成品规格表（表7-4）

表7-4 男式短裤成品规格表 单位：cm

号型	裤长	腰围（W）	臀围（H）	脚口宽
175/82A	48	84	104	27

面料使用量：幅宽140cm，长60cm。

三、服装结构图（图7-8）

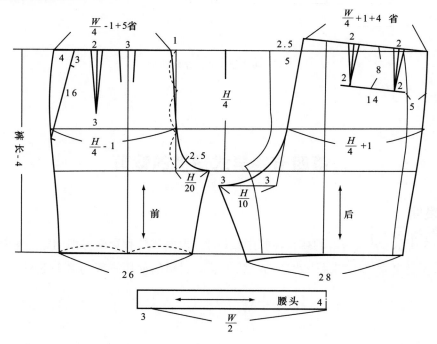

图7-8 男式短裤结构图

第五节 男式西裤的裁剪

一、款式说明

如图7-9所示，男式西裤是裤子中的基本类型，是一种较传统的裤子。西裤的腰部合体，臀围稍宽松，裤口大小比较适中，穿着后挺拔美观。西裤一直以来不太受流行因素的影响，长期拥有一定的市场，不分年龄和职业的人都可以穿用。其款式特征是前片左右各两个折裥，前开门装拉链，两侧斜插袋，后片左右各收两个省缝，双袋牙后戗袋。装腰头，串带共六根。西裤可使用一般的毛料、化纤类、棉、麻和毛涤混纺织物，还可以根据流行和自己喜好自由选择面料。

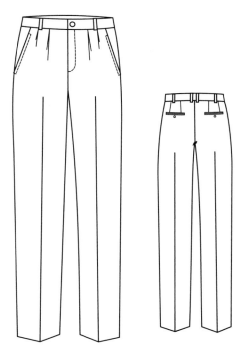

图7-9 男式西裤款式图

二、成品规格表（表7-5）

表7-5 男式西裤成品规格表　　　　　　单位：cm

号型	裤长	腰围（W）	臀围（H）	脚口宽
175/82A	105	86	102	24

面料使用量：幅宽140cm，长120cm。

三、服装结构图（图7-10）

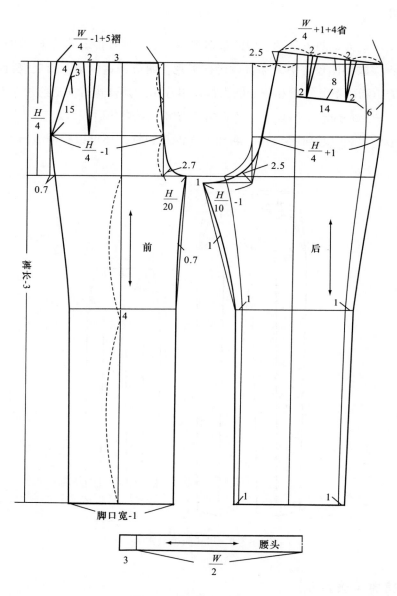

图7-10　男式西裤结构图

第六节　男式牛仔裤的裁剪

一、款式说明

如图 7-11 所示，男式牛仔裤是下装当中流行最为广泛的一款裤子，不同年龄、不同喜好的人会选择不同裤型的牛仔裤，因其休闲、随意，不受任何约束，而广受大众喜爱。牛仔面料如果进行磨白和砂洗，效果会更好看，选购牛仔布时要留意布料的缩水率和色牢度。

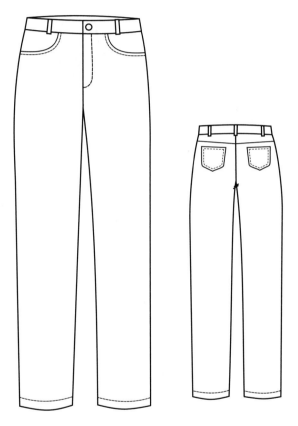

图7-11　男式牛仔裤款式图

二、成品规格表（表7-6）

表7-6　男式牛仔裤成品规格表　　　　　　　　　　　　　单位：cm

号型	裤长	腰围（W）	臀围（H）	脚口宽
175/82A	105	86	100	22

面料使用量：幅宽140cm，长120cm。

三、服装结构图（图7-12）

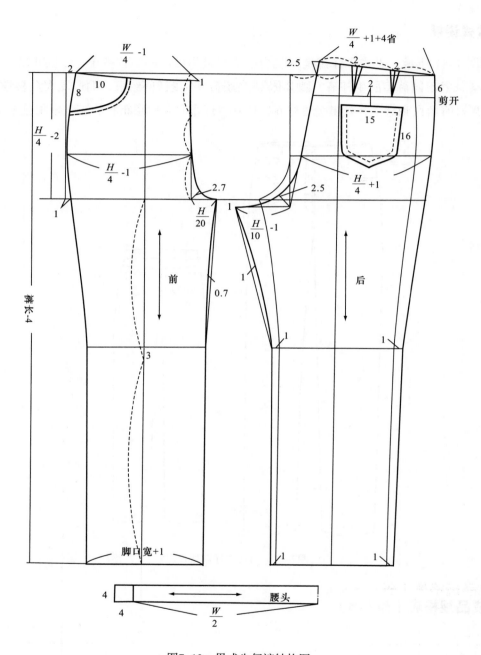

图7-12 男式牛仔裤结构图

第七节　男式收腰马甲的裁剪

一、款式说明

如图 7-13 所示，这是一款普通的收腰马甲，前开襟，V 字领，单排五粒纽扣，前下摆呈斜角，三个挖袋，前后收腰省。因其马甲穿脱方便，裁制简单，用料少、经济实用、四季皆宜，又能与其他服装随意组合，所以，马甲已经成为人们日常生活中不可缺少的服装之一。

图7-13　男式收腰马甲款式图

二、成品规格表（表7-7）

表7-7　男式收腰马甲成品规格表　　　　　　单位：cm

号型	胸围（B）	背长	衣长
175/82A	105	43	53

面料使用量：幅宽140cm，长60cm。

三、服装结构图（图7-14）

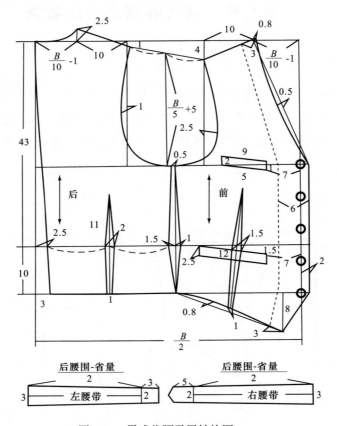

图7-14 男式收腰马甲结构图

第八节 男式休闲马甲的裁剪

一、款式说明

　　如图 7-15 所示，这是一款宽松、休闲、比较随意的男式马甲，前门襟装拉链，三个口袋，有装饰明线。选择棉、麻、涤卡布等耐水洗面料较好。

二、成品规格表（表7-8）

表7-8　男式休闲马甲成品规格表　　　　　　　　　　　　单位：cm

号型	胸围（B）	背长	衣长
175/82A	110	43	55

面料使用量：幅宽140cm，长60cm。

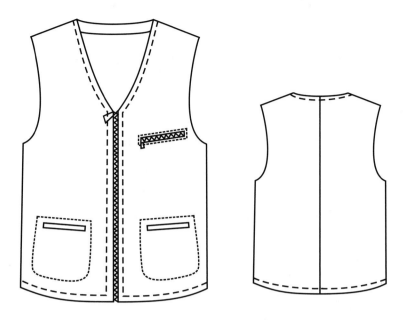

图7-15 男式休闲马甲款式图

三、服装结构图（图7-16）

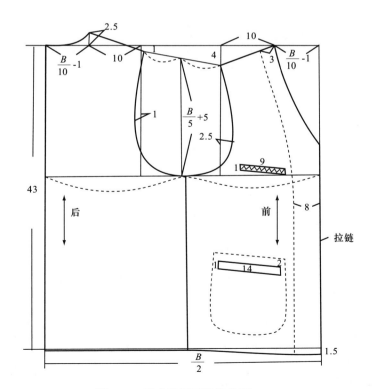

图7-16 男式休闲马甲结构图

第九节　男式两粒扣西服的裁剪

一、款式说明

如图 7-17 所示，男式两粒扣西服是一款在日常生活中应用比较广泛的基本型西服，两粒纽扣，平驳头，小圆下摆。口袋由左侧一个手巾袋和两个大袋组成，男装的结构变化范围小而且稳定，在款式设计上没有女装变化的明显。根据材料、色彩、花样的选择不同，所得到的效果也不同，因此，要根据穿着目的和场合来选择衣料。

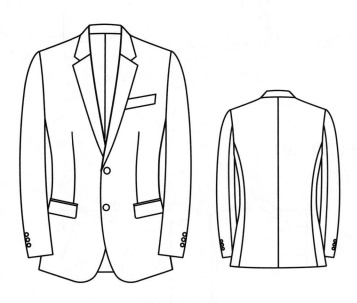

图7-17　男式两粒扣西服款式图

二、成品规格表（表7-9）

表7-9　男式两粒扣西服成品规格表　　　　　　　　　　　单位：cm

号型	胸围（B）	衣长	肩宽（S）	袖长	袖口宽
175/92A	110	78	46	60	14.5

面料使用量：幅宽140cm，长170cm。

三、服装结构图（图7-18）

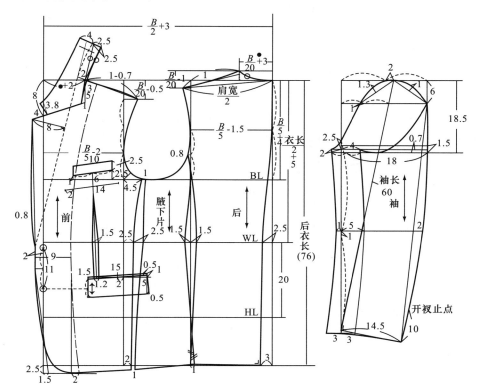

图7-18　男式两粒扣西服结构图

第十节　男式休闲西服的裁剪

一、款式说明

如图 7-19 所示，男式休闲西服是一款穿着舒适、不受约束的轻松型西服，与平驳头单排扣西服的轮廓基本相同，一般在口袋上变化的多一些。比如，手巾袋和大袋的袋口形状可以变化成贴袋，或者只变化大袋的袋型。在西服的加放量中可以考虑把胸部、腰部、臀部的余量适当增大，这样穿着就会更舒适一些。面料的选择范围比较广，可选用精纺或粗纺的毛涤织物、棉麻织物、化纤织物、针织织物等。

二、成品规格表（表7-10）

表7-10　男式休闲西服成品规格表　　　　　　　　　　　　　　　单位：cm

号型	胸围（B）	衣长	肩宽（S）	袖长	袖口宽
175/92A	112	78	48	62	15

面料使用量：幅宽140cm，长170cm。

图7-19　男式休闲西服款式图

三、服装结构图（图7-20）

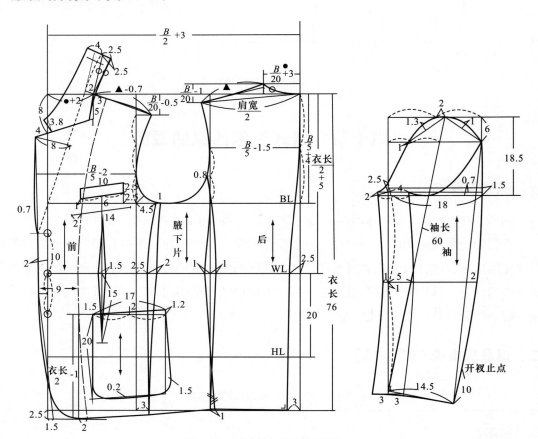

图7-20　男式休闲西服结构图

第八章　童装裁剪

第一节　婴儿装的裁剪

一、款式说明

　　婴儿装首先要考虑面料不能刺激婴儿柔软细嫩的皮肤。为了穿脱方便，设计的前开襟要大一些，尽量减少合缝，缝份不宜接触皮肤。上衣不要太长，以免同尿布一起弄脏，如图8-1所示。面料要吸湿性好、耐洗，而且洗涤后不能变硬。像双股纱布、埃及棉（埃及棉是棉花中最好的品种，纤维长、有光泽且结实，出产在埃及）、细纹白布、毛巾布、针织面料等都可以。衣服做好以后，要先用热水烫洗一次或用蒸锅蒸一下，进行杀菌消毒，再放到日光下晒干。

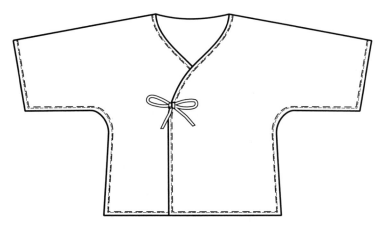

图8-1　婴儿装款式图

二、成品规格表（表8-1）

表8-1　婴儿装成品规格表　　　　　　　　　　　　　　　　　　　　　单位：cm

部位	胸围（B）	衣长	肩宽（S）	袖长	袖口宽
出生～6个月	52	35	13	15	11

面料使用量：幅宽140cm，长50cm。

三、服装结构图（图8-2）

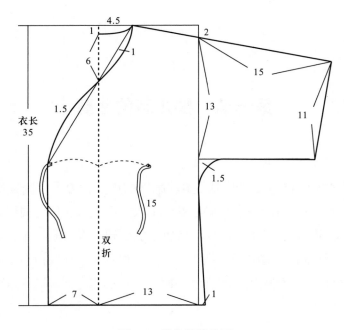

图8-2　婴儿装结构图

第二节　背带短裤的裁剪

一、款式说明

如图 8-3 所示，这是婴儿出生 5 ~ 6 个月就能穿的衣服，下面是开裆的，取换尿布方便。春秋时可穿上外衣和毛衣。可以选用平纹方格花布、泡泡纱、毛巾布、条绒等面料，再加上贴花和刺绣图案，就显得更可爱了。

二、成品规格表（表8-2）

表8-2　背带短裤成品规格表　　　　　　　　　　　　　　　　　　单位：cm

年龄	腰围（W）	臀围（H）	腰下长	下裆长	挡胸布长
5个月 ~ 1岁	68	80	17	后14前8	7.5

面料使用量：幅宽140cm，长60cm。

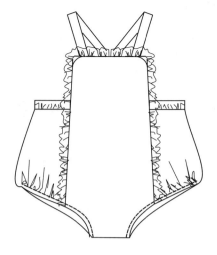

图8-3 背带短裤款式图

三、服装结构图（图8-4）

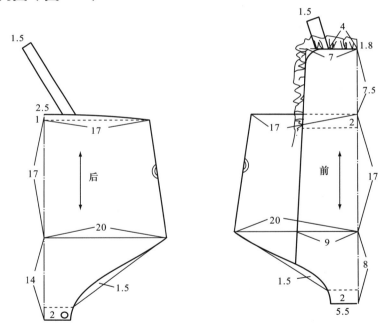

图8-4 背带短裤结构图

第三节 女童半袖衫的裁剪

一、款式说明

如图8-5所示，本款女童半袖衫前门襟有一粒纽扣，适合年龄在6个月~1岁的幼儿穿用，

图8-5 女童半袖衫款式图

款式简洁，易于穿脱，可搭配短裙和裤子。如果是单色面料，可在前胸印上各种图案，最好选择纯棉、易清洗、不掉色的面料为好。

二、成品规格表（表8-3）

表8-3 女童半袖衫成品规格表 单位：cm

年龄	胸围（B）	衣长	肩宽（S）	袖长	袖口宽
6个月~1岁	64	24	13.5	8.5	13

面料使用量：幅宽140cm，长70cm。

三、服装结构图（图8-6）

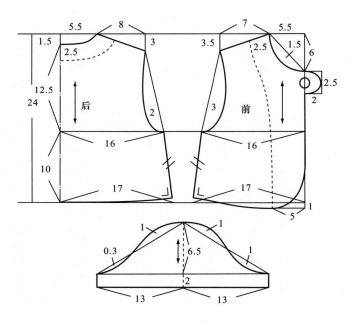

图8-6 女童半袖衫结构图

第四节 儿童凉爽衫的裁剪

一、款式说明

如图 8-7 所示，本款突出了凉爽的特点，前领口有开口，穿脱比较方便，与领口连接处有系带，可以系为蝴蝶结，袖窿两侧呈开口状，有带襻连接，活动起来非常方便。

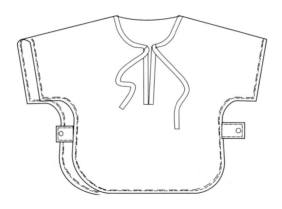

图8-7 儿童凉爽衫款式图

二、成品规格表（表8-4）

表8-4 儿童凉爽衫成品规格表 单位：cm

年龄	胸围（B）	衣长	肩宽（S）	袖长	袖口宽
1～2岁	64	24	13.5	8.5	13

面料使用量：幅宽140cm，长60cm。

三、服装结构图（图8-8）

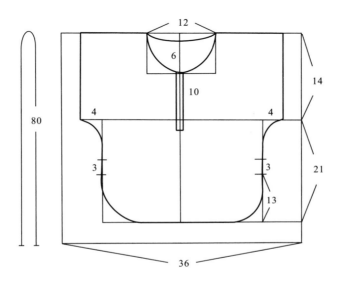

图8-8 儿童凉爽衫结构图

第五节 儿童松紧带长裤的裁剪

图8-9 儿童松紧带长裤款式图

一、款式说明

如图 8-9 所示，这是一款男女儿童都适用的裤子，首先考虑的是穿脱方便、活动方便、机能性强，这是很重要的。裤子可与衬衫、毛衣等搭配组合。作为日常穿着的裤子，面料最好是结实、耐洗、好保养的毛涤或棉涤混纺织物。

二、成品规格表（表8-5）

表8-5 儿童松紧带长裤成品规格表 单位：cm

年龄	腰围（W）	臀围（H）	裤长	上裆	脚口宽
6~7岁	60	82	54	21	14

面料使用量：幅宽140cm，长60cm。

三、服装结构图（图8-10）

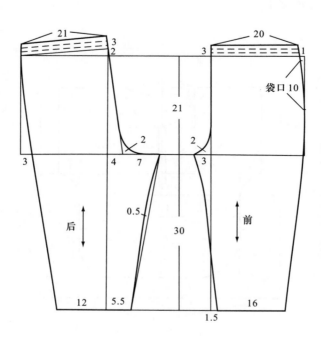

图8-10 儿童松紧带长裤结构图

第六节　儿童夹克的裁剪

一、款式说明

如图 8-11 所示，这是一款宽松型的、穿着方便的儿童夹克，作为日常生活穿着，男童、女童都适宜。口袋为单袋牙的斜插袋，前门襟装拉链，小翻领结构，胸前可加图案或在缝线边缘压装饰明线。

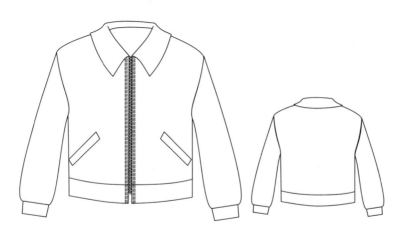

图8-11　儿童夹克款式图

二、成品规格表（表8-6）

表8-6　儿童夹克成品规格表　　　　　　　　　　单位：cm

年龄	胸围（B）	衣长	肩宽（S）	袖长	袖口宽
6～7岁	84	42	18	35	10

面料使用量：幅宽140cm，长60cm。

三、服装结构图（图8-12）

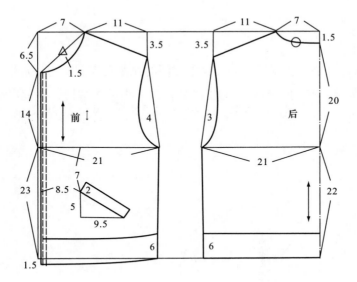

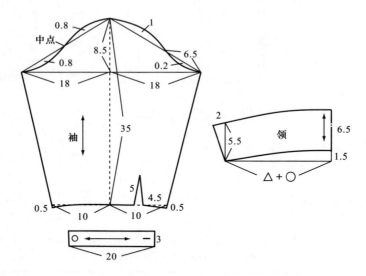

图8-12　儿童夹克结构图

第九章　服装缝制实例

第一节　女衬衫的缝制

一、女衬衫款式图（图9-1）

图9-1　女衬衫款式图

二、女衬衫排料图（图9-2）

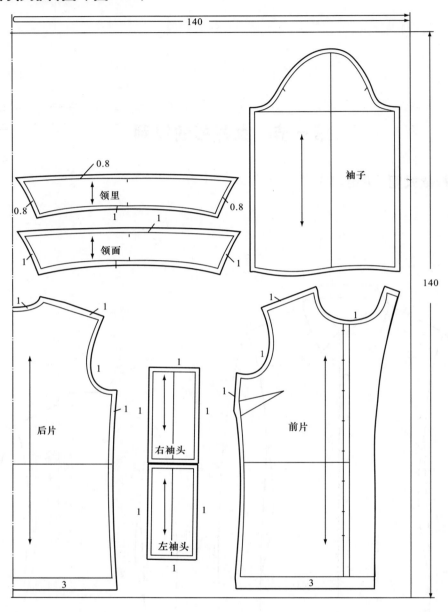

图9-2　女衬衫排料图

三、女衬衫缝制步骤

　　做合印标记，划净印（图9-3）→粘衬（图9-4）→缝合侧缝省（图9-5）→拼合肩缝（图9-6）→勾缝领子外口线（图9-7）→做领口标记（图9-8）→将领里和领口缝合（图

9–9）→勾缝领口两侧至肩缝处（图 9–10）→弧线处打剪口（图 9–11）→领面压缝明线（图 9–12）→缝合侧缝线（图 9–13）→做袖口开衩（图 9–14）→做袖头（图 9–15）→缝合袖底缝（图 9–16）→绱袖头（图 9–17）→绱袖子（图 9–18）→折烫下摆，压明线（图 9–19）→锁眼钉扣，整烫（图 9–20）。

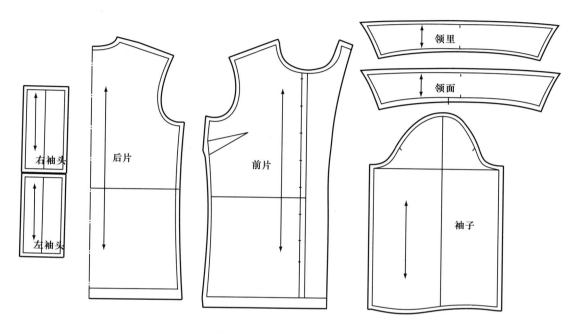

图9–3　做合印标记，划净印

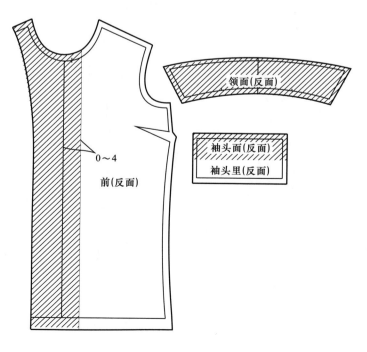

图9–4　按图示部位粘衬

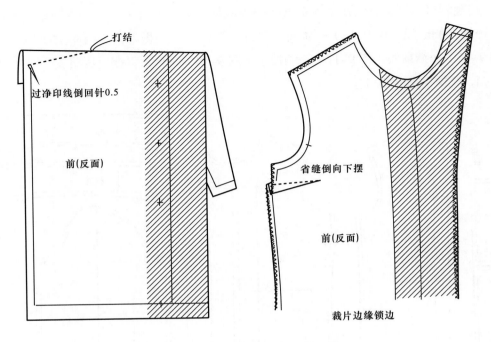

图9-5 缝合侧缝省，向下倒烫平展

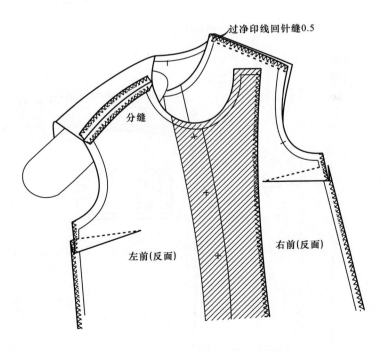

图9-6 肩缝锁边，拼合肩缝，劈烫

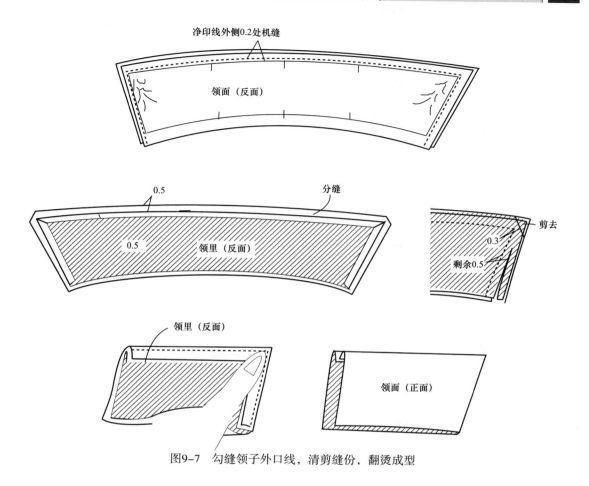

净印线外侧0.2处机缝

领面（反面）

0.5

分缝

领里（反面）

0.5

剪去

0.3

剩余0.5

领里（反面）

领面（正面）

图9-7　勾缝领子外口线，清剪缝份，翻烫成型

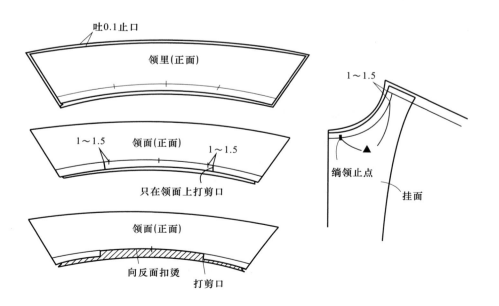

吐0.1止口

领里(正面)

1～1.5

领面(正面)

1～1.5

1～1.5

只在领面上打剪口

缉领止点

挂面

领面(正面)

向反面扣烫

打剪口

图9-8　领口处做标记，和衣身比对好缉领位置

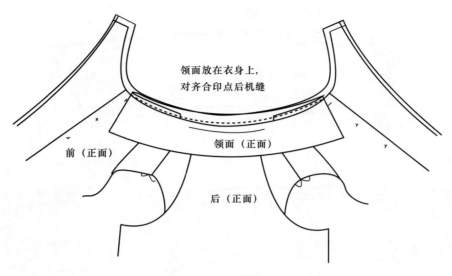

图9-9 将领里和领口缝合

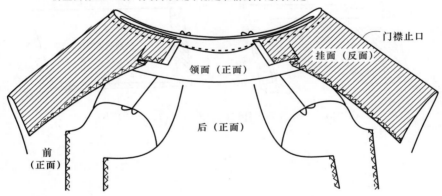

图9-10 左右贴边面对面折转，勾缝领口两侧至肩缝处

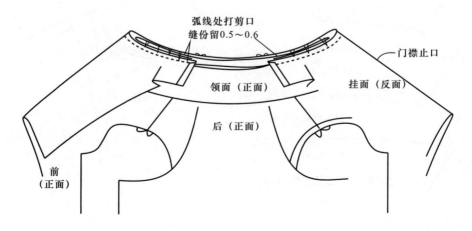

图9-11 弧线处打剪口，翻烫

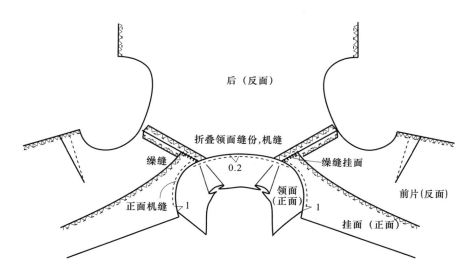

后（反面）

折叠领面缝份,机缝

缲缝　　0.2　　缲缝挂面

前片（反面）

正面机缝　1　　领面（正面）　1

挂面（正面）

图9-12　领面压缝明线

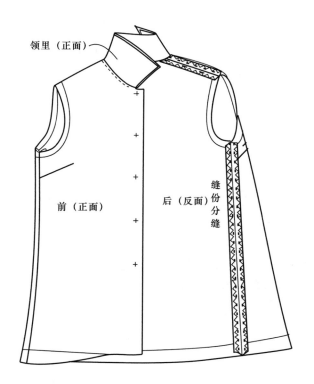

领里（正面）

前（正面）

后（反面）缝份分缝

图9-13　侧缝锁边，缝合侧缝线，劈烫侧缝

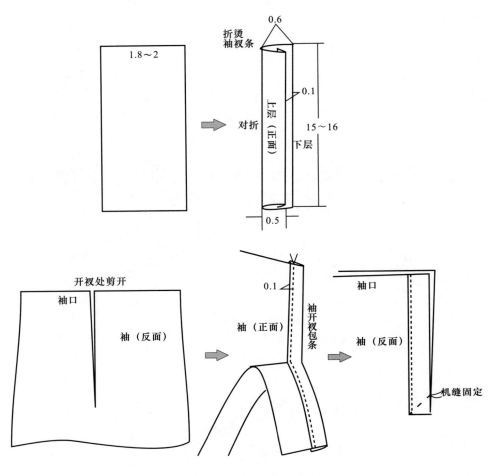

图9-14　做袖口开衩，包条

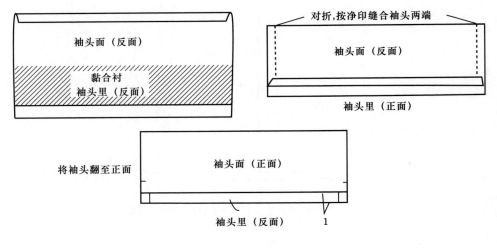

图9-15　做袖头，扣烫缝份

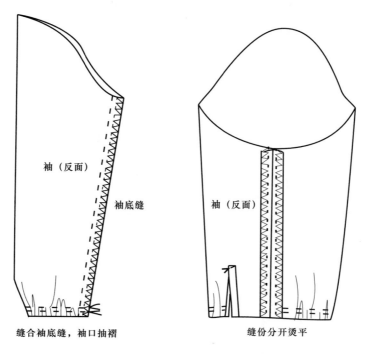

图9-16 缝合袖底缝，锁边，袖口捏褶

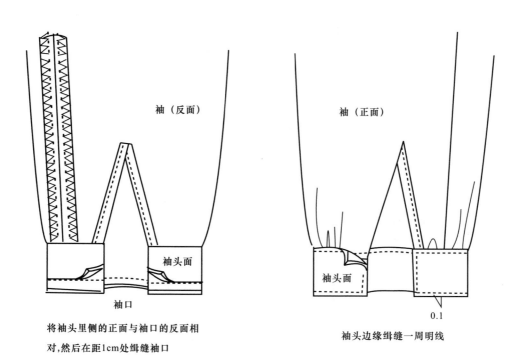

图9-17 绱袖头，袖头压明线

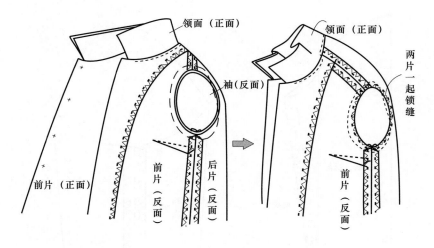

图9-18 绱袖子,袖窿处锁边

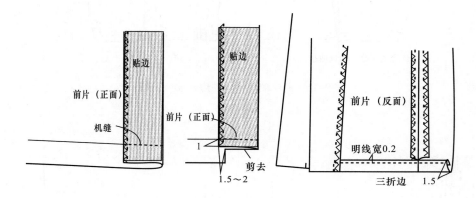

图9-19 折烫下摆,压明线

图9-20 锁眼钉扣,成品整烫平展

第二节 直筒裙的缝制

一、直筒裙款式图（图9-21）

图9-21 直筒裙款式图

二、直筒裙排料图（图9-22）

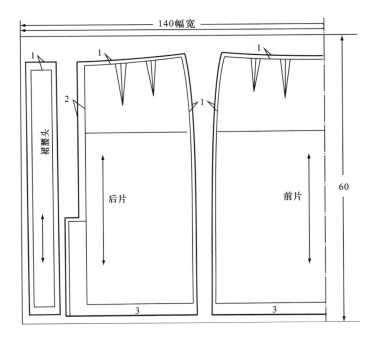

图9-22 直筒裙排料图

三、直筒裙缝制步骤

裙片锁边（图9–23）→收省（图9–24）→劈烫后中线（图9–25）→折叠底边，做后开衩（图9–26）→缝合里料省缝（图9–27）→缝合里料后中线（图9–28）→装里料拉链（图9–29）→缝合面料、里料侧缝（图9–30）→折烫面料底边（图9–31）→折烫里料底边（图9–32）→里料开衩压缝0.1cm明线（图9–33）→绱腰头（图9–34）→腰头压明线（图9–35）→底边扦缝三角针（图9–36）→装钉裤钩，成品整烫（图9–37）。

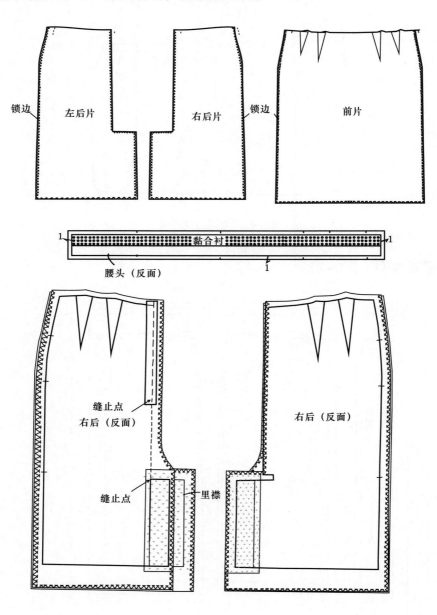

图9–23　裙片锁边

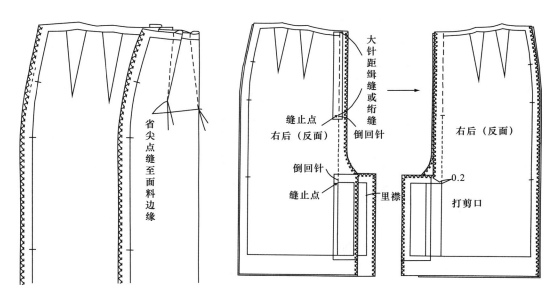

省尖点缝至面料边缘

大针距绯缝或绗缝

缝止点
右后（反面）

倒回针

倒回针

缝止点

里襟

右后（反面）

0.2

打剪口

图9-24 前后片收省，后中线绗缝固定，开衩打剪口

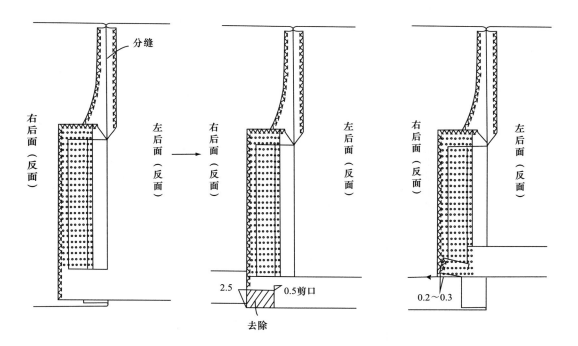

分缝

右后面（反面）

左后面（反面）

右后面（反面）

左后面（反面）

2.5

0.5剪口

去除

右后面（反面）

左后面（反面）

0.2～0.3

图9-25 后中线劈烫，开衩处粘衬

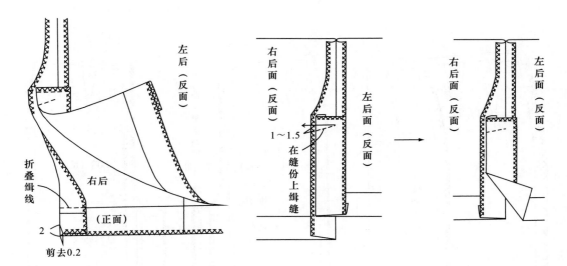

图9-26 折叠底边，做后开衩

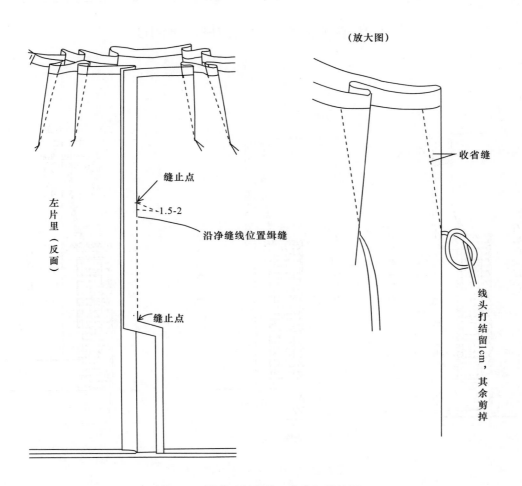

图9-27 缝合里料省缝，省尖打结处理

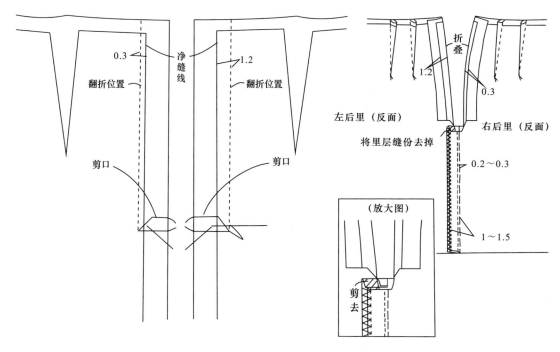

图9-28 折烫里料拉链开口处，缝合里料后中线

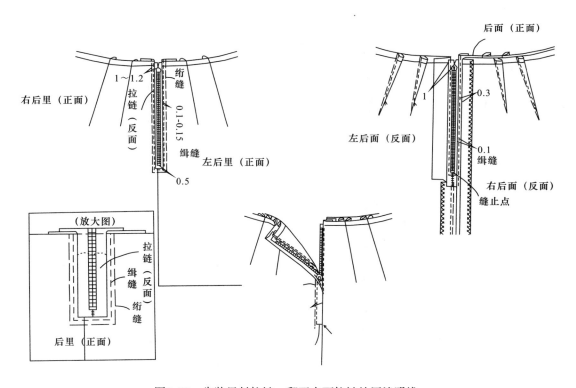

图9-29 先装里料拉链，翻至表面拉链处压缝明线

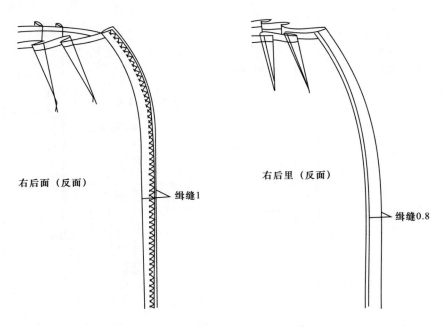

右后面（反面）

缉缝1

右后里（反面）

缉缝0.8

图9-30　缝合面料、里料侧缝线

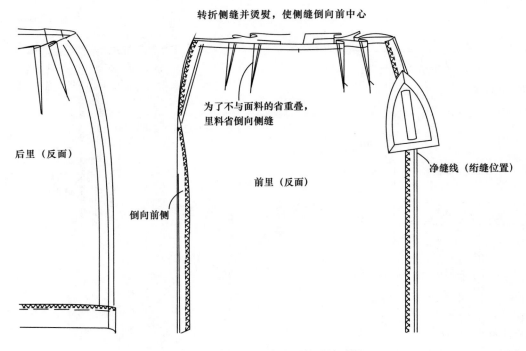

转折侧缝并烫熨，使侧缝倒向前中心

为了不与面料的省重叠，
里料省倒向侧缝

后里（反面）

倒向前侧

前里（反面）

净缝线（绗缝位置）

图9-31　折烫面料底边，侧缝线劈烫

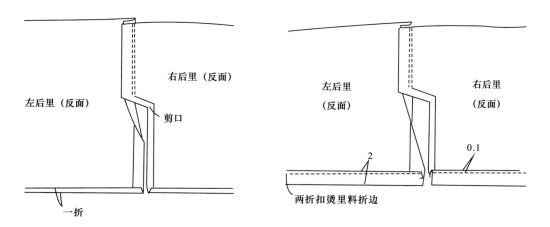

图9-32 折烫里料底边，压缝0.1cm明线

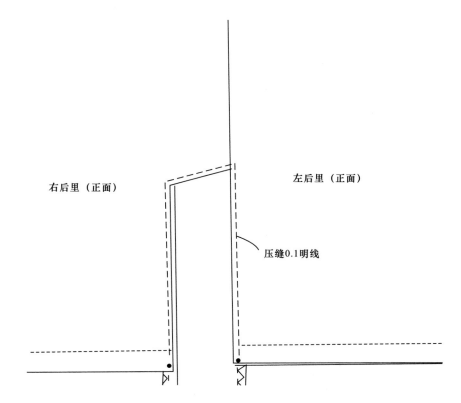

图9-33 里料开衩压缝0.1cm明线

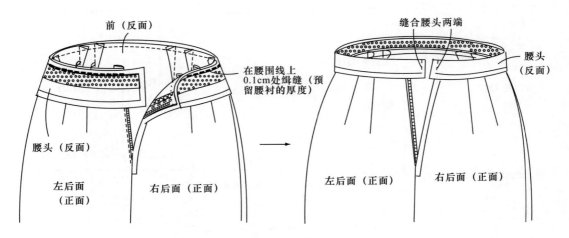

图9-34 绱腰头，腰头两端缝合，翻烫腰头

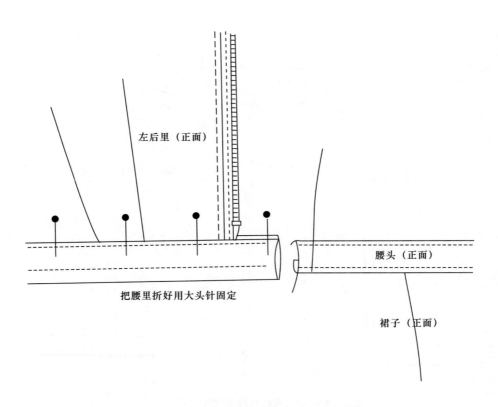

图9-35 大头针固定腰口线，腰头压缝明线

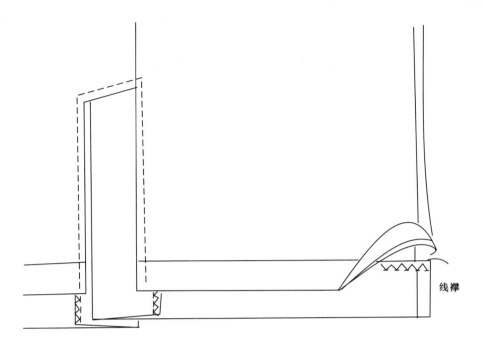

图9-36 底边缲缝三角针，打线襻

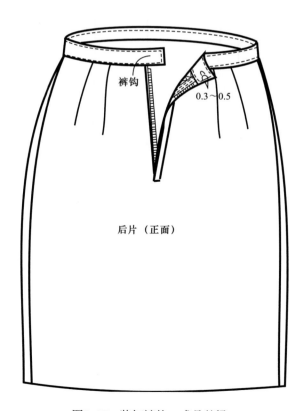

图9-37 装钉裤钩，成品整烫

第三节　女牛仔裤的缝制

一、女牛仔裤款式图（图9-38）

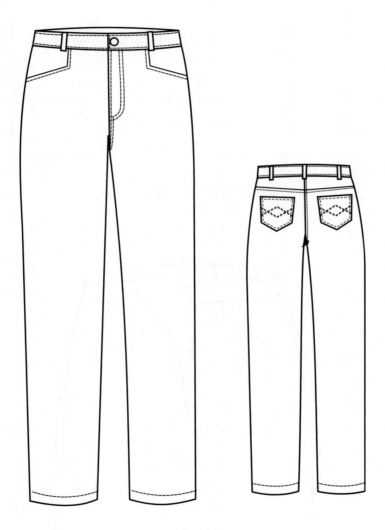

图9-38　女牛仔裤款式图

二、女牛仔裤排料图（图9-39）

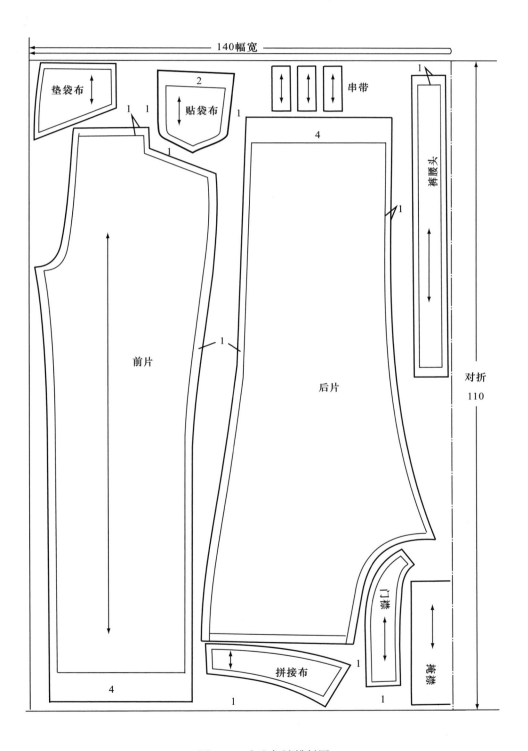

图9-39 女牛仔裤排料图

三、女牛仔裤缝制步骤

裁片核对，划合印标记（图9-40）→垫袋布下口锁边，压明线（图9-41）→勾缝袋布（图9-42）→对折袋布，压缝袋布下口线（图9-43）→机缝固定袋布与裤片（图9-44）→掩襟绱拉链（图9-45）→绱门襟，拉链与门襟机缝固定（图9-46）→门襟压明线（图9-47）→缝合小裆（图9-48）→贴缝后袋，拼接后裤片（图9-49）→缝合后片大裆弯（图9-50）→缝合侧缝线（图9-51）→绱腰头（图9-52）→装串带，锁眼、钉扣（图9-53）→清剪线头，整烫定型（图9-54）。

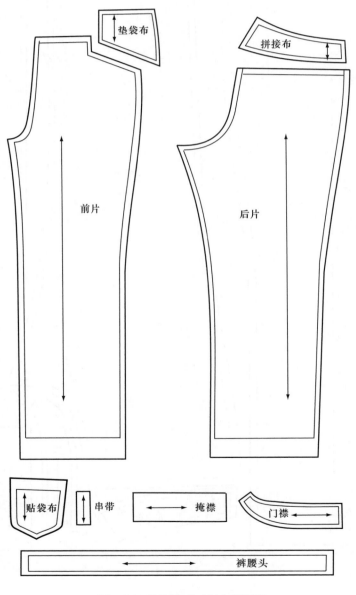

图9-40 裁片核对，划合印标记

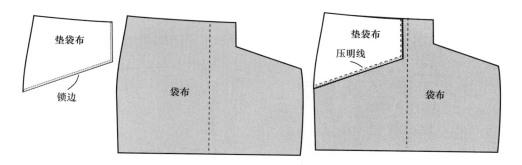

图9-41　垫袋布下口锁边，压明线

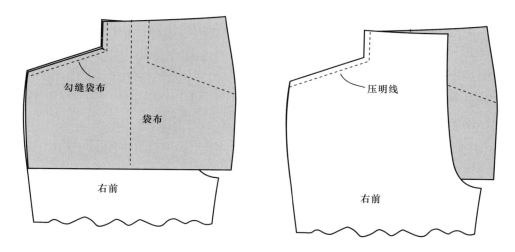

图9-42　勾缝袋布

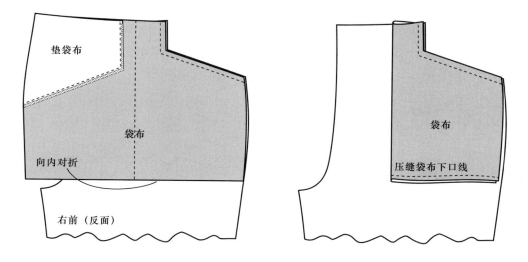

图9-43　对折袋布，压缝袋布下口线

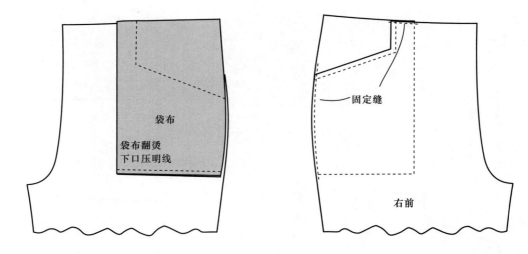

图9-44 机缝固定袋布与裤片

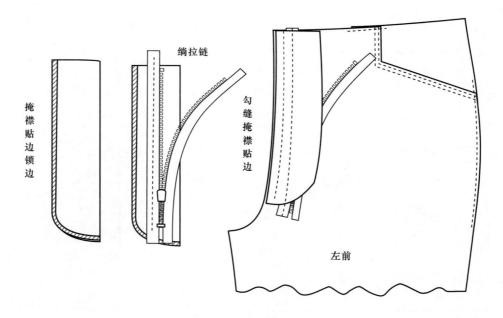

图9-45 掩襟绱拉链，掩襟与左前片机缝

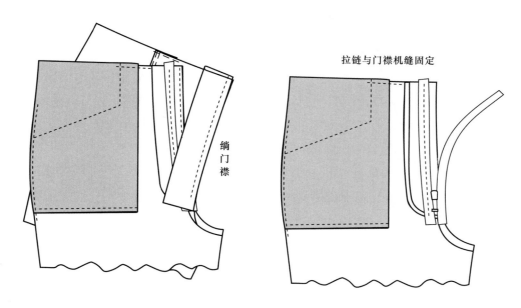

图9-46 绱门襟，拉链与门襟机缝固定

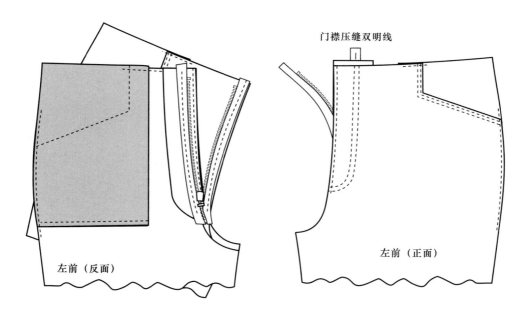

图9-47 整烫门襟，门襟呈刀形压缝双明线

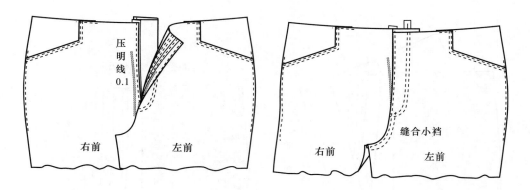

图9-48　掩襟内边缘压缝0.1cm明线，缝合小裆弧线

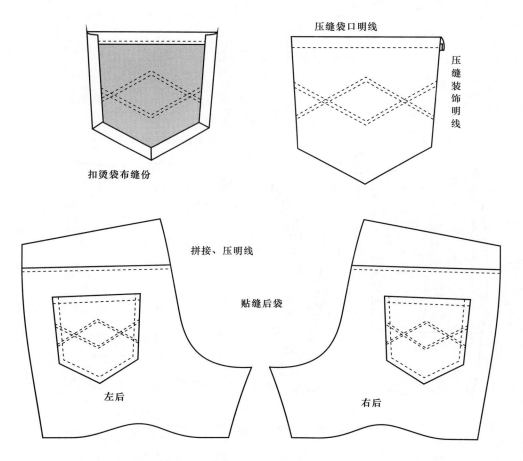

图9-49　扣烫贴袋，压缝装饰线，贴缝后袋，后裤片拼接压明线

合后裆缝

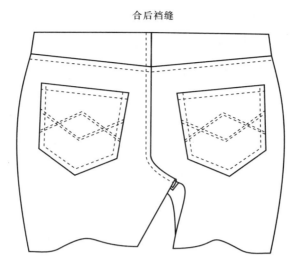

图9-50 缝合后裆缝，压缝明线

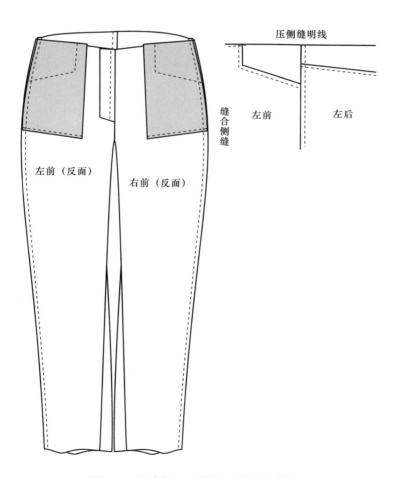

图9-51 缝合侧缝，倒烫，压侧缝明线

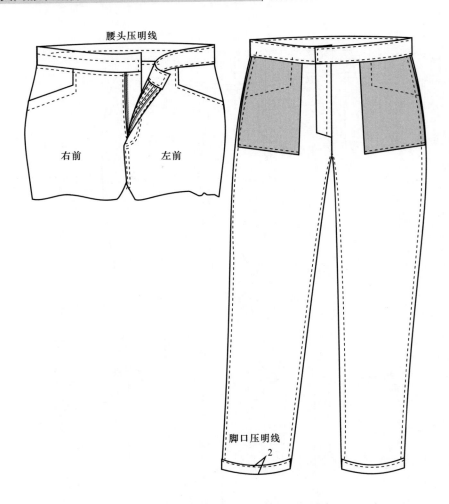

图9-52 绱腰头，腰头压明线，收裤脚口

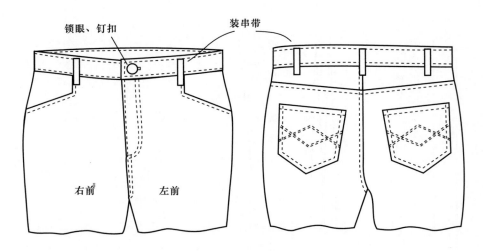

图9-53 装串带，锁眼、钉扣

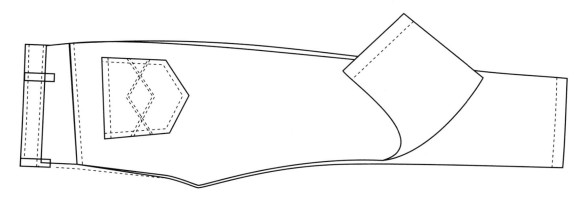

图9-54　清剪线头，整烫定型

第四节　女西服的缝制

一、女西服款式图（图9-55）

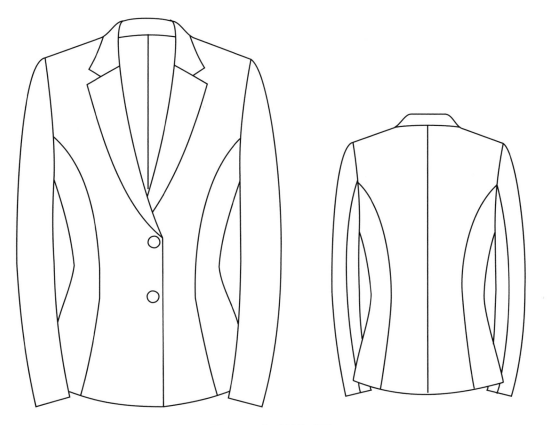

图9-55　女西服款式图

二、女西服排料图

女西服面料排料图如图 9-56 所示；里料排料图如图 9-57 所示；衬料裁剪部位如图 9-58 所示。

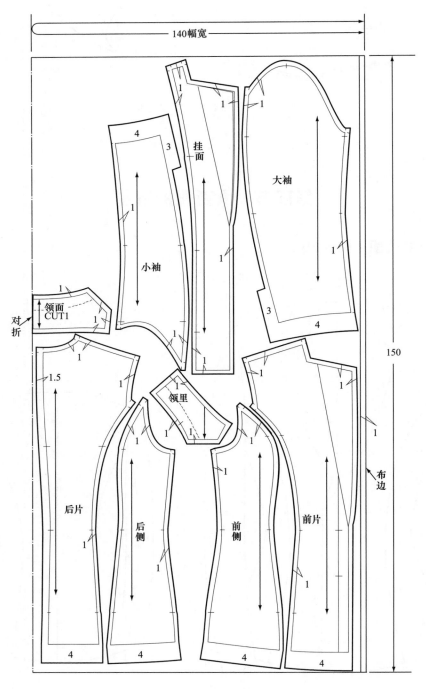

图9-56　女西服面料排料图

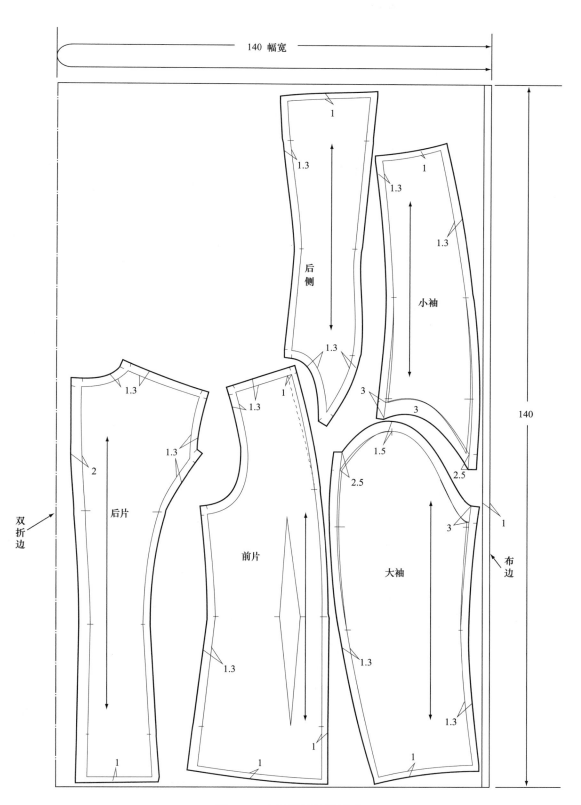

图9-57 女西服里料排料图

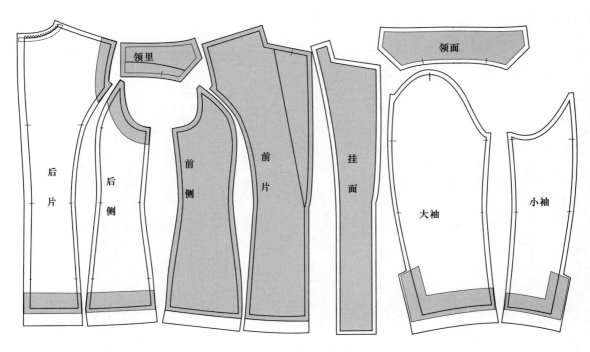

图9-58　女西服衬料裁剪部位

三、女西服缝制步骤

缝合前片公主线（图9-59）→缝合后中缝及后片刀背线（图9-60）→前后片按部位粘衬（图9-61）→缝合侧缝、肩缝（图9-62）→缝合领子，绱领里（图9-63）→缝合里前片和挂面（图9-64）→里前片收省缝（图9-65）→缝合里后中缝、里后片刀背线（图9-66）→缝合里子肩缝、侧缝（图9-67）→劈烫领面串口线（图9-68）→手针固定领子缝份（图9-69）→缝合领子（图9-70）→勾缝领子、勾缝止口（图9-71）→清剪缝份（图9-72）→手针固定领子缝份（图9-73）→手针固定底边折边（图9-74）→缝合袖底缝、袖外缝（图9-75）→熨袖面、袖里（图9-76）→缝合袖口面、里（图9-77）→手针固定缝份（图9-78）→手针固定袖里、面（图9-79）→绱袖子（图9-80）→绱垫肩（图9-81）→手针固定袖窿一圈（图9-82）→手针缲缝袖里（图9-83）→拱针固定翻折线处，缲缝底边（图9-84）→锁眼、钉扣，整烫，完成（图9-85）。

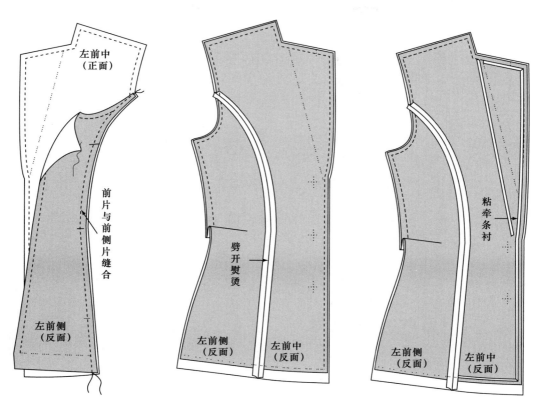

图9-59　缝合前片公主线并劈烫平展，粘牵条衬

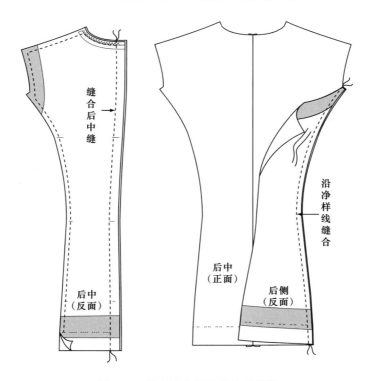

图9-60　缝合后中缝及后片刀背线

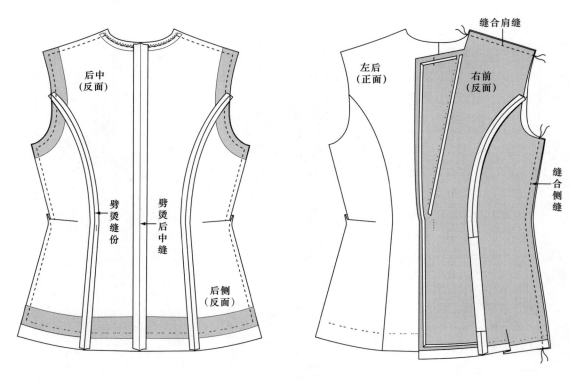

图9-61　前后片按部位粘牵条衬

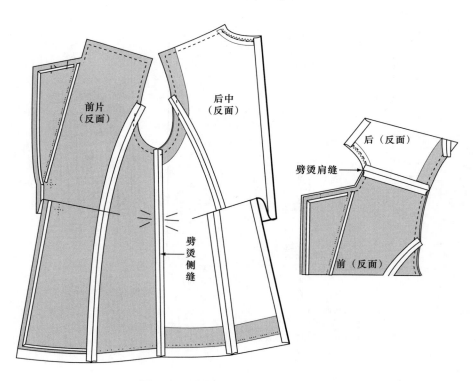

图9-62　缝合侧缝、肩缝，劈烫平展

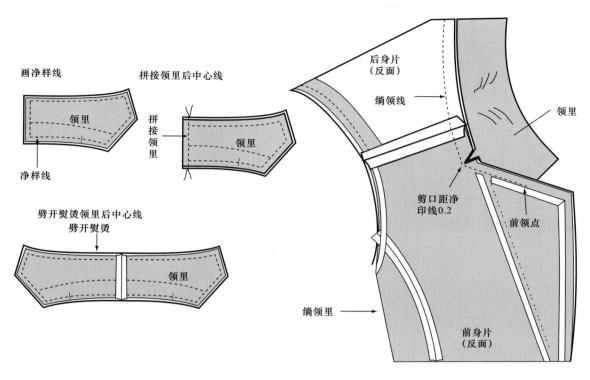

画净样线

拼接领里后中心线

领里

拼接领里

领里

净样线

劈开熨烫领里后中心线
劈开熨烫

领里

后身片
（反面）

缲领线

领里

剪口距净
印线0.2

前领点

缲领里

前身片
（反面）

图9-63　缝合领子、缲领里

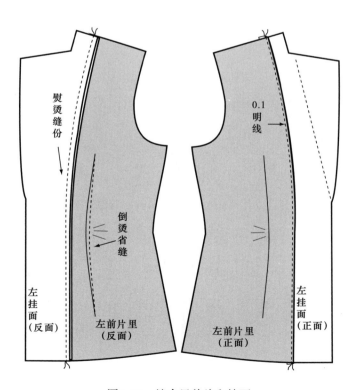

熨烫缝份

0.1明线

倒烫省缝

左挂面
（反面）

左前片里
（反面）

左前片里
（正面）

左挂面
（正面）

图9-64　缝合里前片和挂面

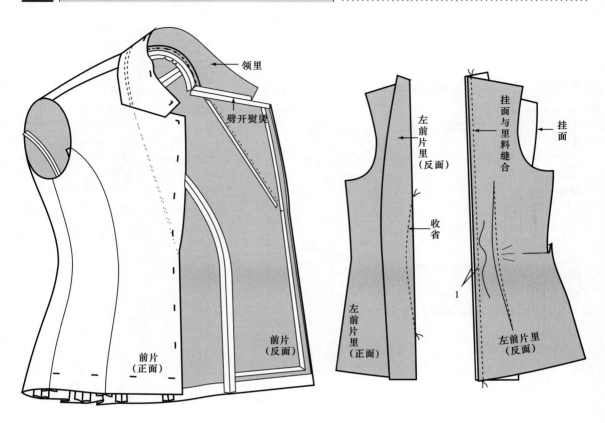

图9-65　里前片收省缝

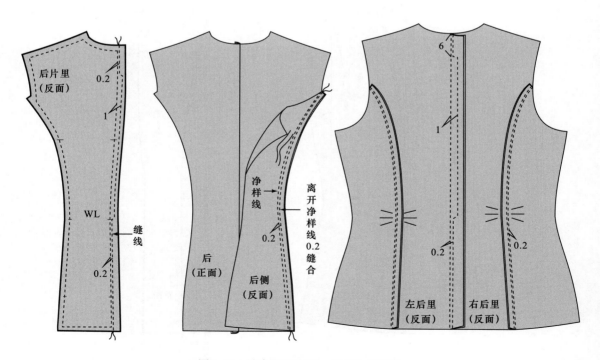

图9-66　缝合里后中缝、里后片刀背线

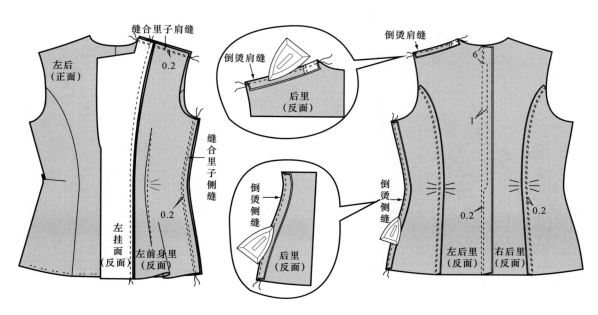

图9-67　缝合里子肩缝、侧缝，倒烫里子缝份，留出0.2cm余量

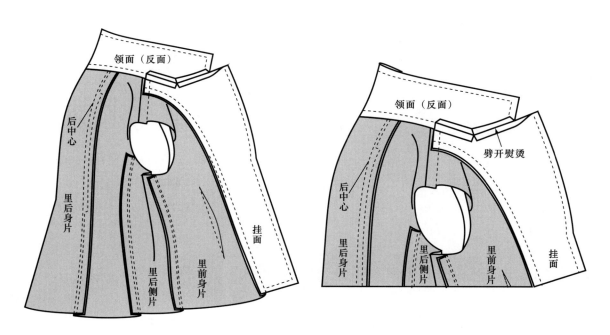

图9-68　劈烫领面串口线

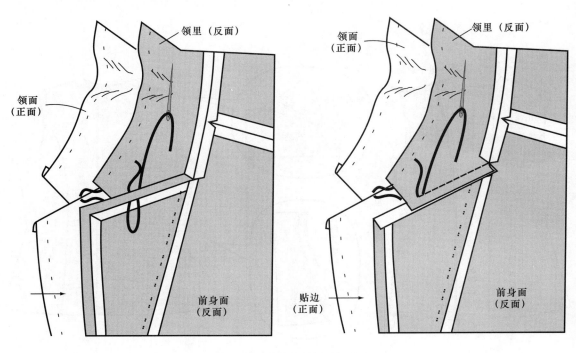

图9-69　手针固定领子缝份

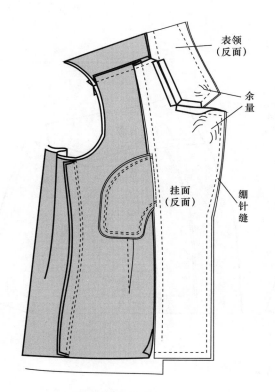

固定挂面与前身止口

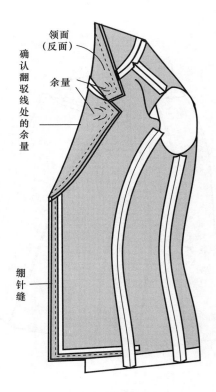

确认翻驳线处的余量

图9-70　缝合领子，确定翻折量

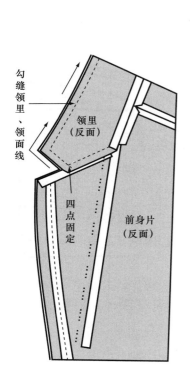

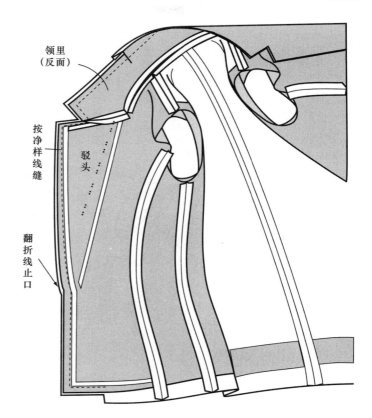

图9-71　勾缝领子、勾缝止口

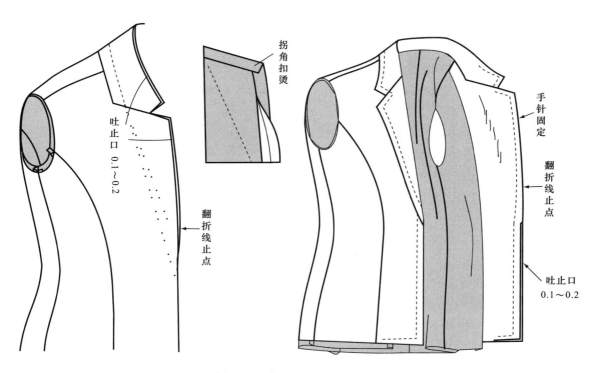

图9-72　清剪缝份，烫平止口线

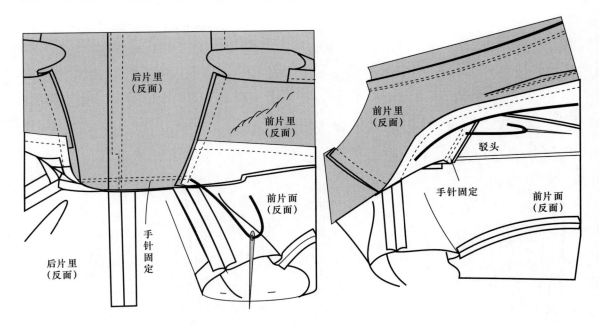

后片里
（反面）

前片里
（反面）

前片面
（反面）

手针固定

后片里
（反面）

前片里
（反面）

驳头

手针固定

前片面
（反面）

图9-73 手针固定领子缝份

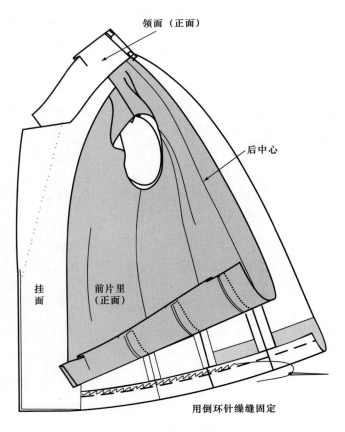

领面（正面）

后中心

挂面

前片里
（正面）

用倒环针缲缝固定

图9-74 手针固定底边折边

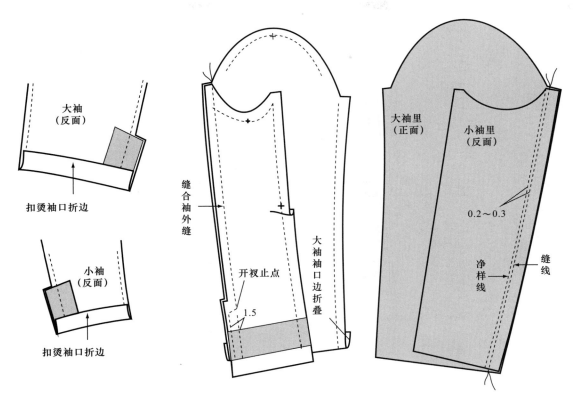

图9-75　折烫袖开衩，缝合袖底缝、袖外缝

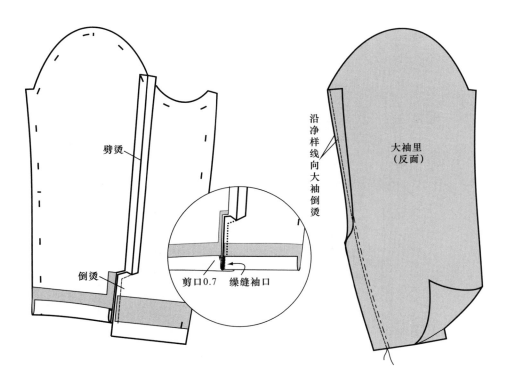

图9-76　劈烫袖面缝份、倒烫袖里

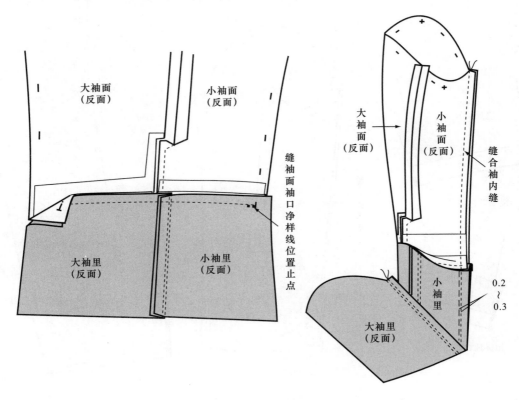

大袖面
（反面）

小袖面
（反面）

缝袖面袖口净样线位置止点

大袖里
（反面）

小袖里
（反面）

大袖面
（反面）

小袖面
（反面）

缝合袖内缝

小袖里

大袖里
（反面）

0.2
~
0.3

图9-77　缝合袖口面、里

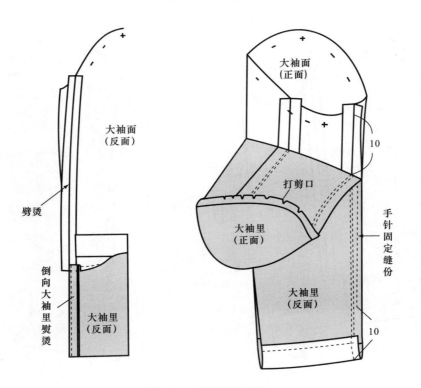

大袖面
（反面）

劈烫

倒向大袖里熨烫

大袖里
（反面）

大袖面
（正面）

打剪口

大袖里
（正面）

手针固定缝份

大袖里
（反面）

10

10

图9-78　手针固定缝份

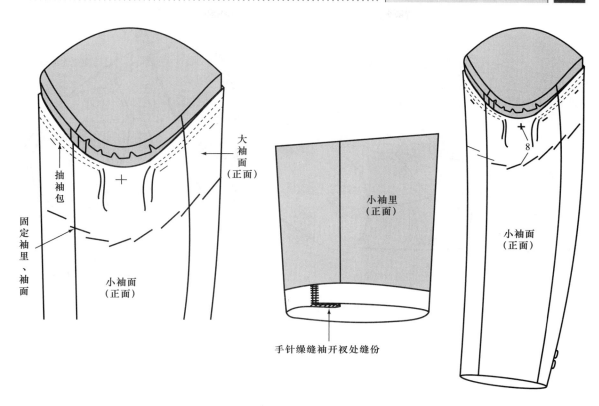

大袖面
（正面）

抽袖包

固定袖里、袖面

小袖面
（正面）

小袖里
（正面）

手针缲缝袖开衩处缝份

8

小袖面
（正面）

图9-79 折烫袖口，手针固定袖子里、面

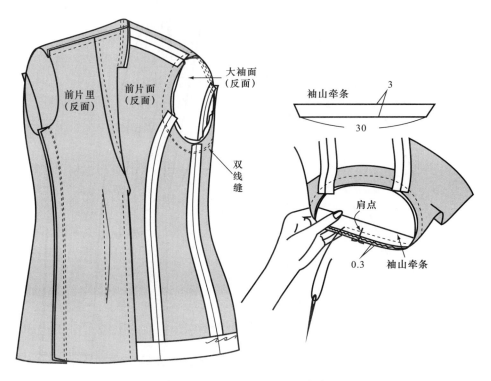

前片里
（反面）

前片面
（反面）

大袖面
（反面）

双线缝

袖山牵条

3

30

肩点

0.3

袖山牵条

图9-80 绱袖子，固定袖山牵条

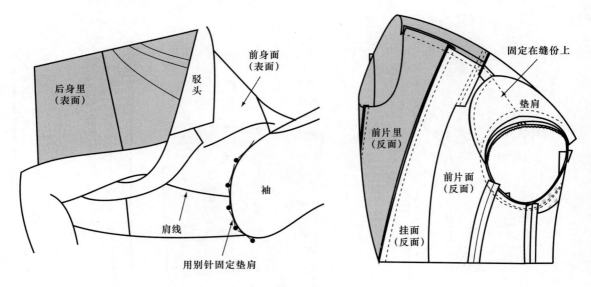

后身里
（表面）

驳头

前身面
（表面）

袖

肩线

用别针固定垫肩

固定在缝份上

垫肩

前片里
（反面）

前片面
（反面）

挂面
（反面）

图9-81　绱垫肩，圈缝袖窿

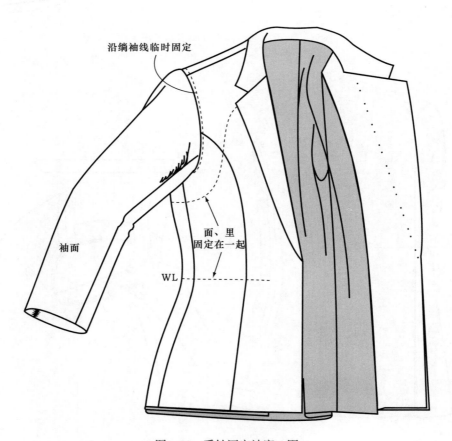

沿绱袖线临时固定

袖面

面、里
固定在一起

WL

图9-82　手针固定袖窿一圈

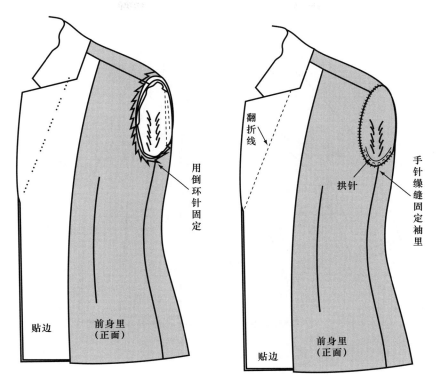

图9-83 手针缲缝袖里

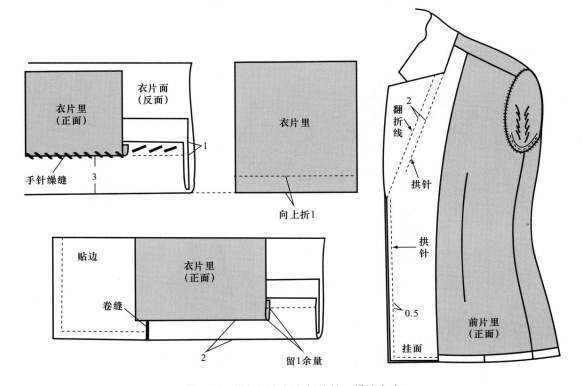

图9-84 拱针固定领翻折线处，缲缝底边

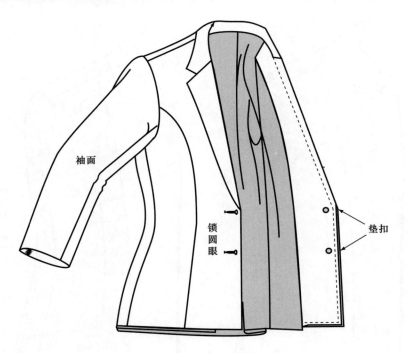

袖面

锁圆眼

垫扣

图9-85 锁眼、钉扣，整烫、完成

第五节 男衬衫的缝制

一、男衬衫款式图（**图9-86**）

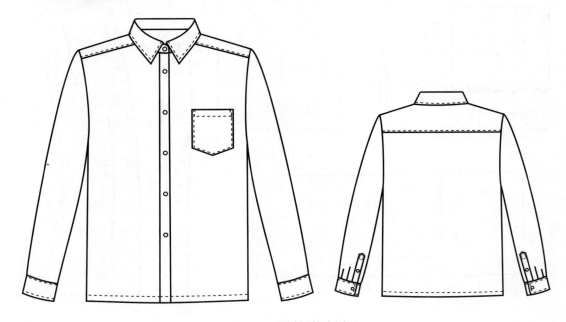

图9-86 男衬衫款式图

二、男衬衫排料图

男衬衫排料图如图 9-87 所示；粘衬部位如图 9-88 所示。

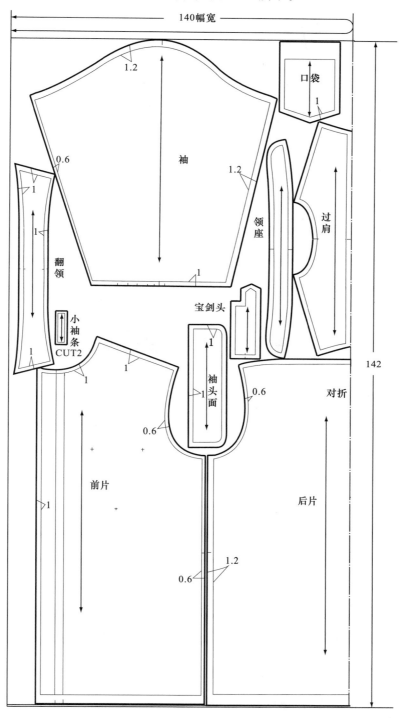

图9-87 男衬衫排料图

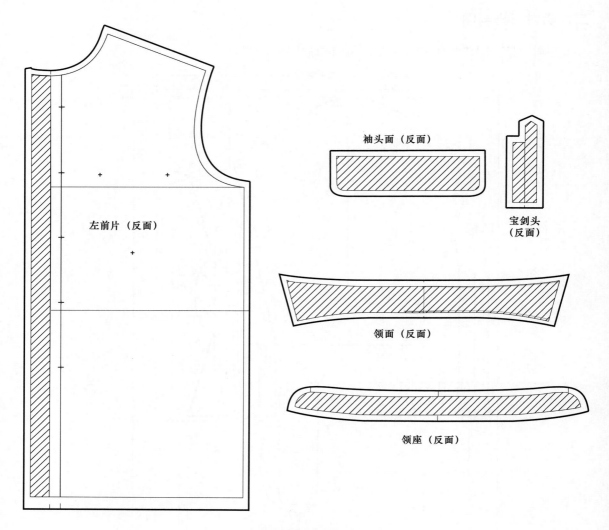

图9-88 男衬衫粘衬部位

三、男衬衫缝制步骤

做合印标记（图9-89）→做左片门襟，压明线（图9-90）→做右片明襟，压明线（图9-91）→制作口袋（图9-92）→勾缝后片过肩（图9-93）→缝合肩线（图9-94）→做领子（图9-95）→缉领子（图9-96）→做袖口开衩和宝剑头（图9-97）→包缝袖底缝（图9-98）→包缝袖山弧线（图9-99）→缉袖头（图9-100）→扣折底边，压明线（图9-101）→锁眼、钉扣（图9-102）→清剪线头，整烫定型（图9-103）。

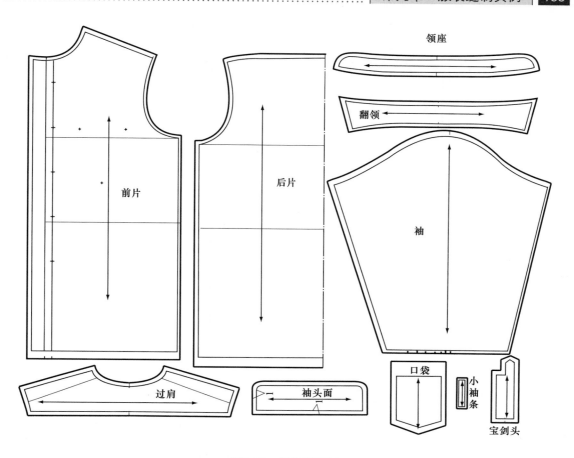

图9-89 做合印标记

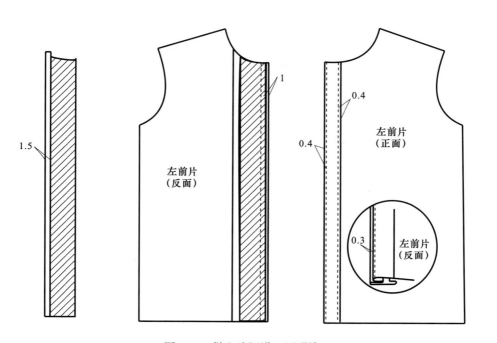

图9-90 做左片门襟，压明线

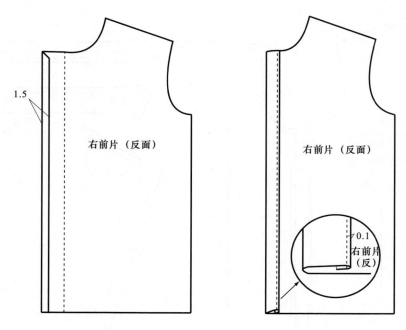

图9-91 做右片门襟，压明线

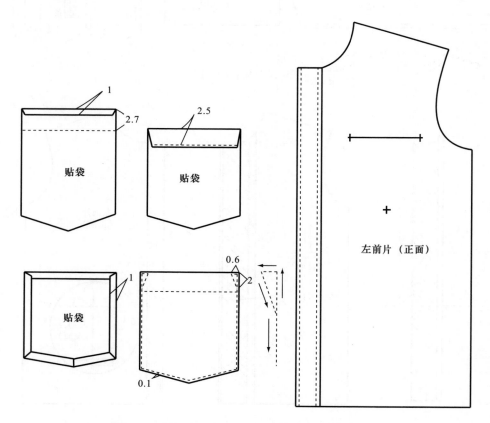

图9-92 折烫袋口布，压明线，确定袋位，绱口袋

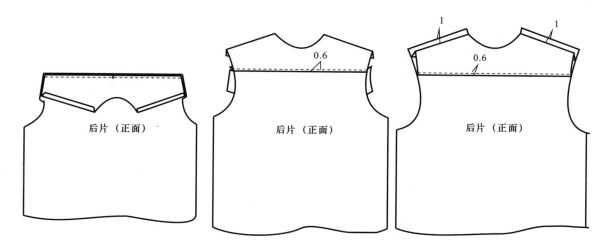

图9-93 勾缝后片过肩，压明线，扣烫肩线

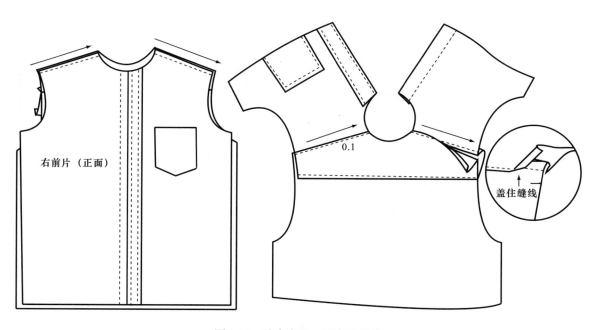

图9-94 缝合肩缝，压肩缝明线

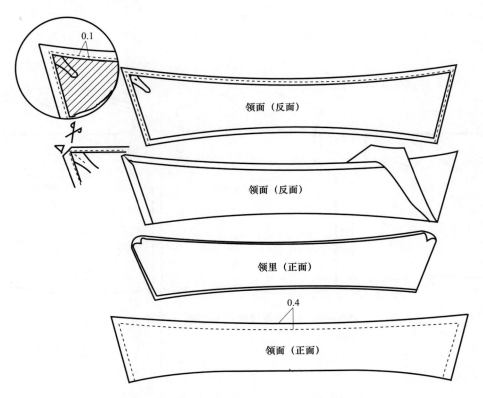

图9-95 做领子，领角添加塑料片固定，清剪缝份，翻烫平展

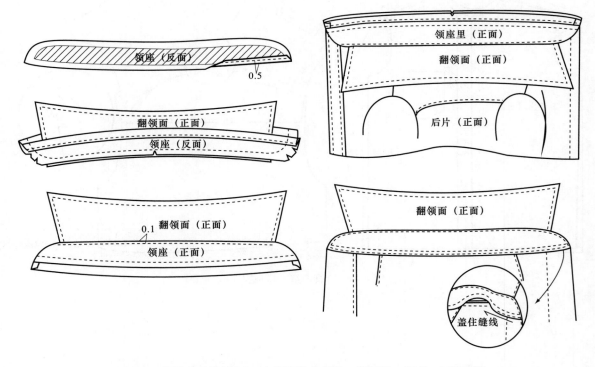

图9-96 领座与翻领夹缝，清剪缝份，翻烫，绱领子，领座口压缝明线

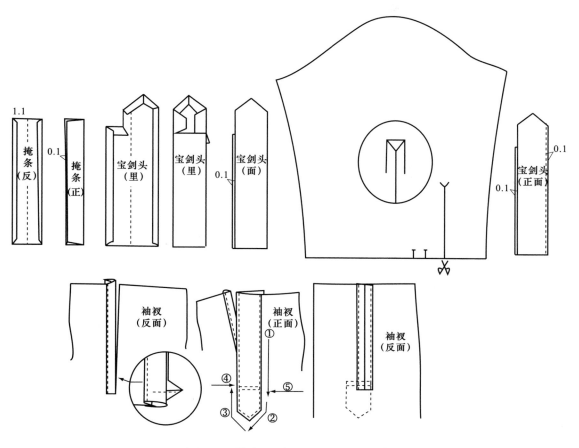

图9-97　做袖口开衩和宝剑头，压明线

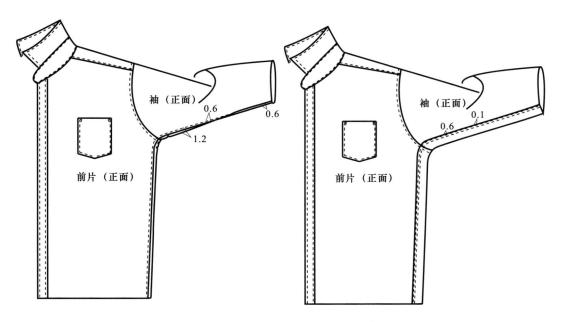

图9-98　包缝袖底缝，压袖底缝明线

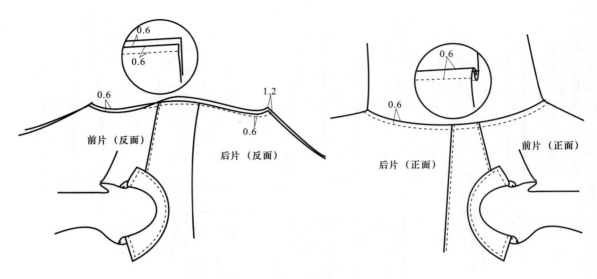

图9-99 包缝袖山弧线，扣压明线

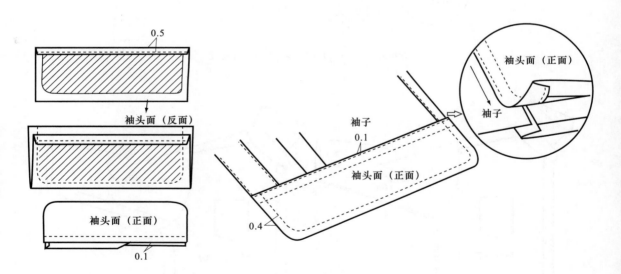

图9-100 做袖头，绱袖头，压缝袖头明线

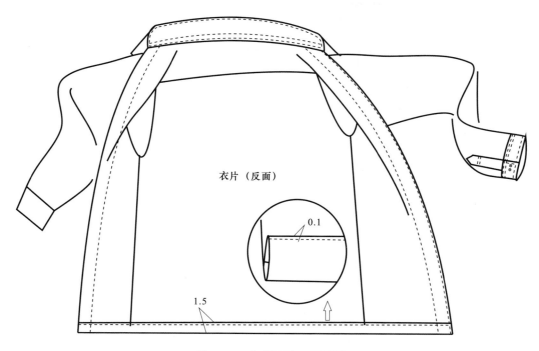

衣片（反面）

0.1

1.5

图9-101 扣折底边，压明线

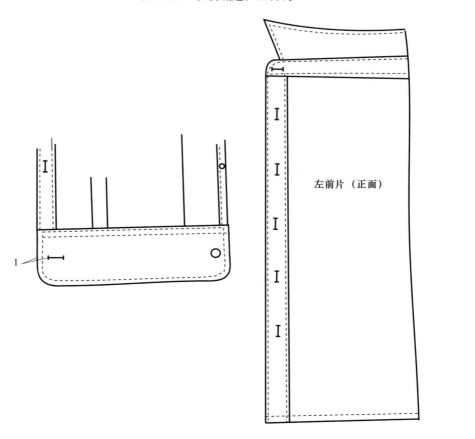

左前片（正面）

1

图9-102 袖口、门襟处锁眼、钉扣

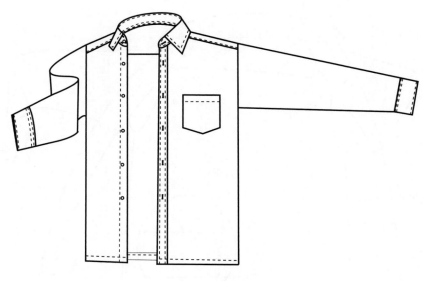

图9-103　清剪线头，整烫定型

第六节　男西裤的缝制

一、男西裤款式图（图9-104）

图9-104　男西裤款式图

二、男西裤排料图

男西裤零部件裁剪图如图 9-105 所示；排料图如图 9-106 所示。

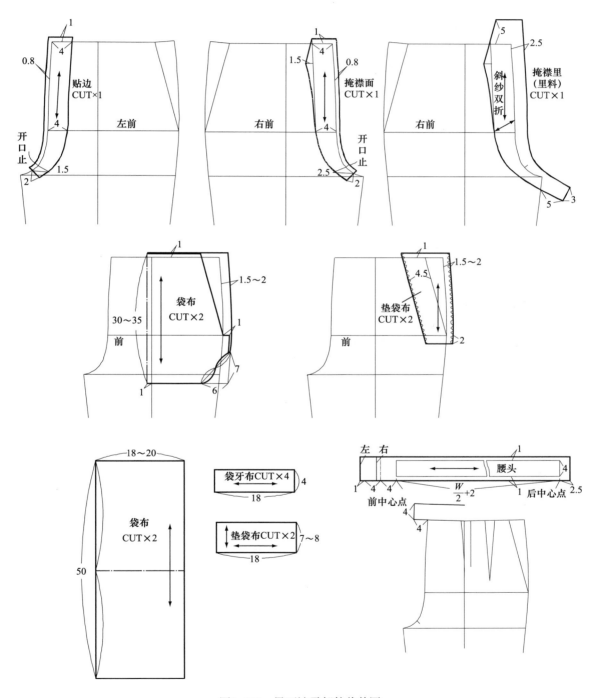

图9-105　男西裤零部件裁剪图

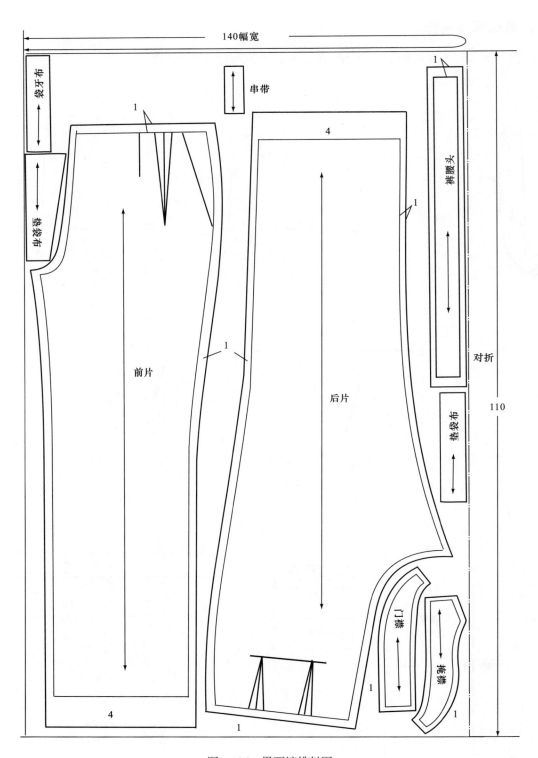

图9-106　男西裤排料图

三、男西裤缝制步骤

划合印标记（图9-107）→粘衬（图9-108）→后片收省，袋口粘衬（图9-109）→划袋位，扣烫袋牙（图9-110）→做后袋袋牙（图9-111）→绱袋布和垫袋布（图9-112）→袋布包边，锁扣眼（图9-113）→前片收褶，烫裤中线（图9-114）→粘牵条，做袋布（图9-115）→袋口压明线，固定省缝，缝合侧缝线（图9-116）→袋布压明线，袋口打结（图9-117）→缝制掩襟、门襟（图9-118）→掩襟绱拉链（图9-119）→绱门襟（图9-120）→门襟处打结，压明线（图9-121）→做腰头和串带，绱串带（图9-122）→绱腰头（图9-123）→缝合腰头与掩襟（图9-124）→装钉裤钩（图9-125）→串带打结，压明线（图9-126）→缝合后片中缝线（图9-127）→门襟、里襟压明线（图9-128）→缝合下裆缝（图9-129）→缝合小裆缝与大裆缝连接，掩襟边缘压明线（图9-130）→折烫裤脚口并缲缝三角针，手针缲缝固定腰头接口（图9-131）→整烫腰头里、腰头面（图9-132）→清剪线头，整理定型（图9-133）。

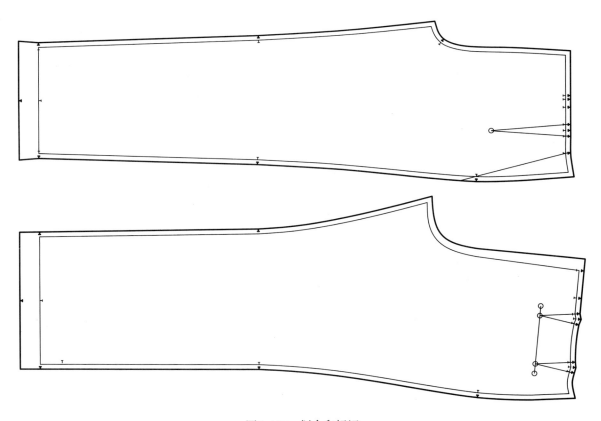

图9-107　划合印标记

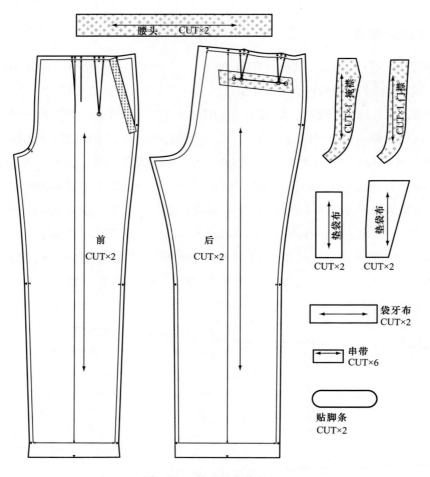

图9-108　按图示部位粘衬

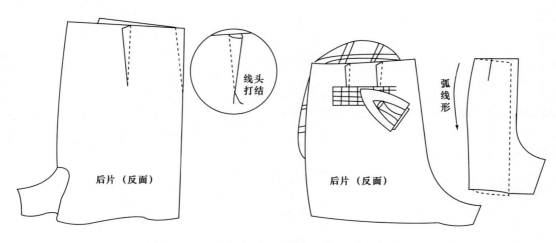

图9-109　后片收省缝，省缝倒向后中心，袋口粘衬

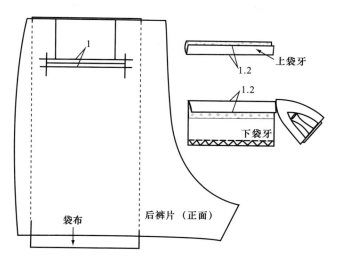

图9-110　袋口正面划袋位，扣烫袋牙

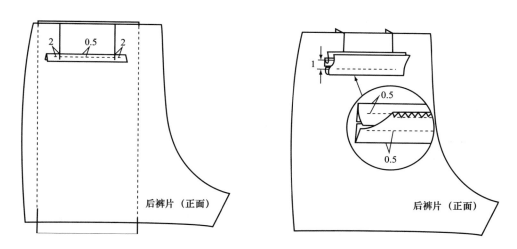

图9-111　袋牙双折，毛边相对，压缝0.5cm明线

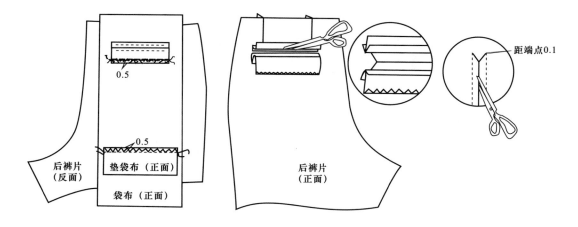

图9-112　绱袋布和垫袋布，袋牙开剪口，距端点0.1cm，呈三角形剪口

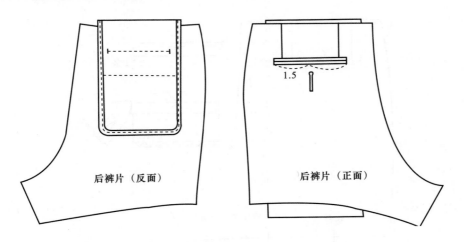

图9-113　袋布边缘包边，袋口中心锁扣眼

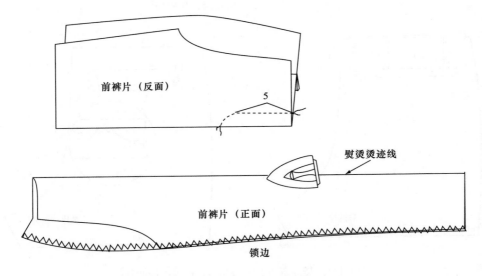

图9-114　前片收褶，折烫裤中线

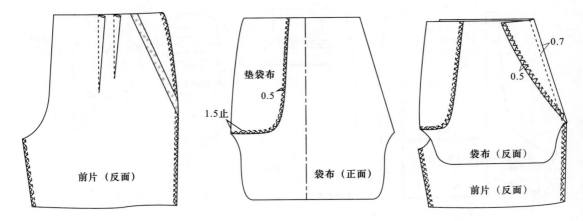

图9-115　斜插袋粘牵条，做袋布

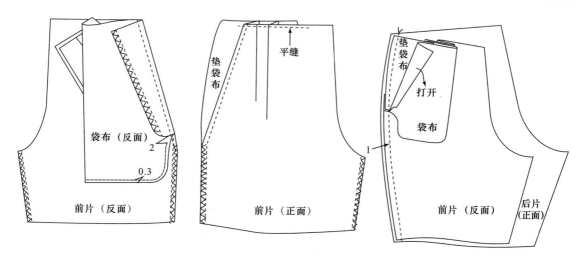

图9-116 袋口压缝明线，固定省缝，缝合侧缝线

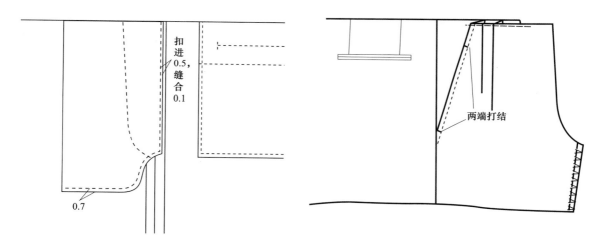

图9-117 袋布压明线，袋口打结

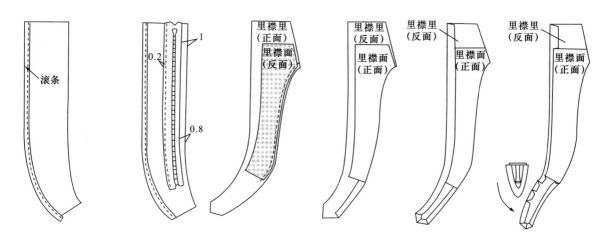

图9-118 缝制掩襟、门襟

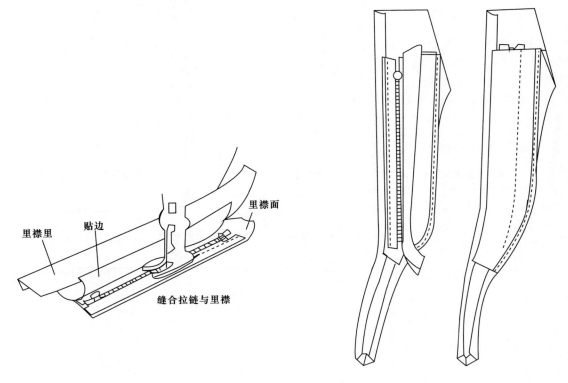

里襟里　贴边　里襟面

缝合拉链与里襟

图9-119　掩襟绱拉链

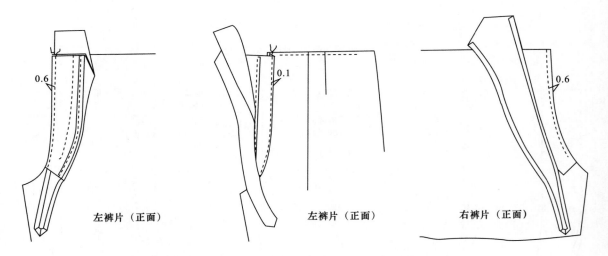

0.6

0.1

0.6

左裤片（正面）　　左裤片（正面）　　右裤片（正面）

图9-120　绱门襟，勾缝0.6cm，翻烫成型后压缝0.1cm明线

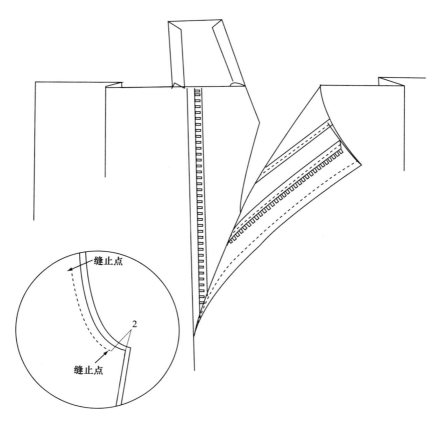

图9-121 门襟处打结，压明线

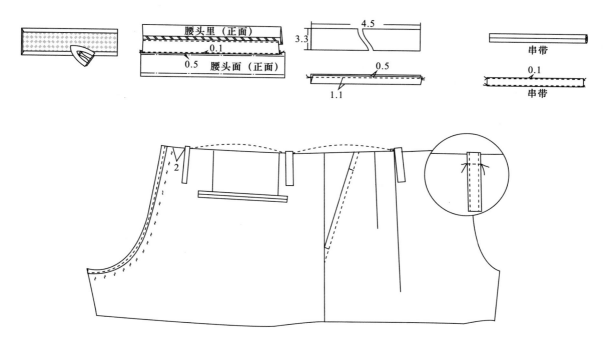

图9-122 做腰头和串带，绱串带

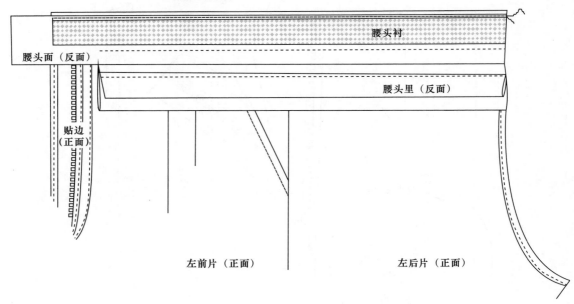

图9-123　比对腰头与腰口尺寸，无误后开始绱腰头

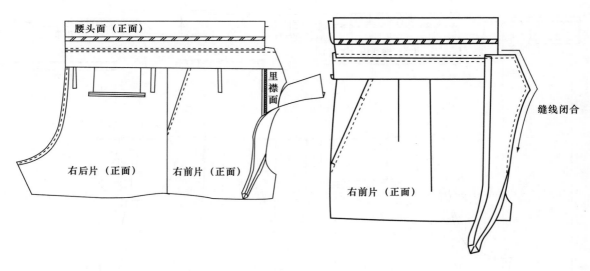

图9-124　缝合腰头与掩襟

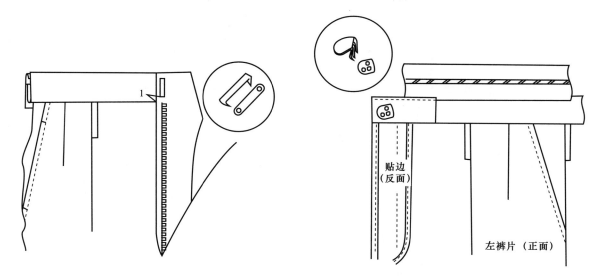

图9-125　装钉裤钩

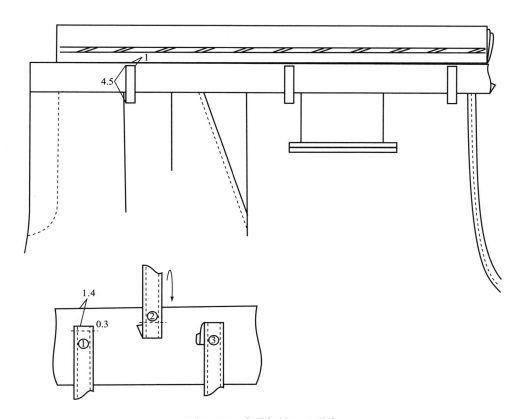

图9-126　串带打结，压明线

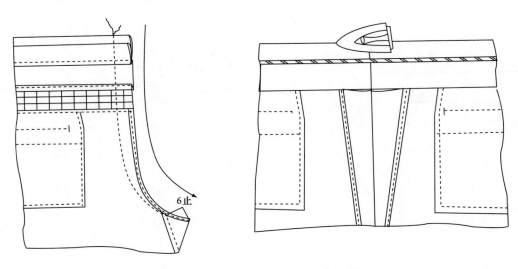

图9-127 缝合后片裤中缝线，劈烫平展

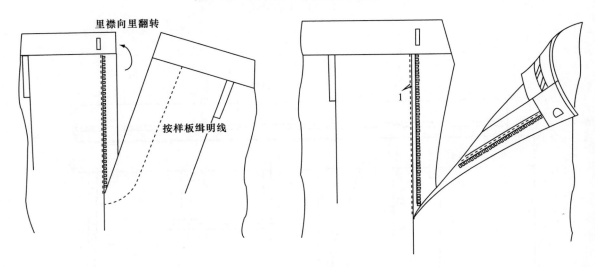

图9-128 门襟、里襟压缝明线

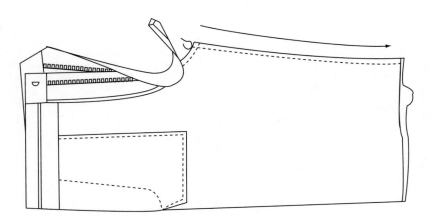

图9-129 缝合下裆缝

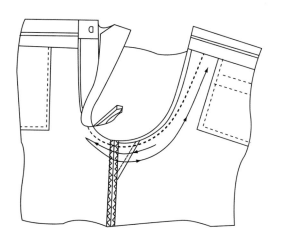
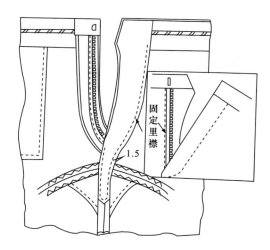

图9-130　缝合小裆缝与大裆连接，劈烫下裆，掩襟边缘压明线

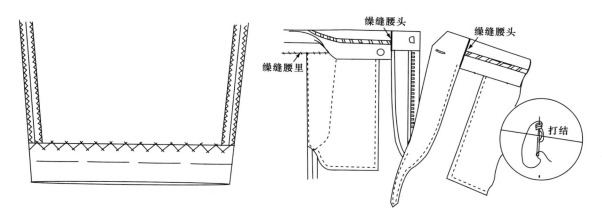

图9-131　折烫裤脚口并缲缝三角针，手针缲缝固定腰头接口处

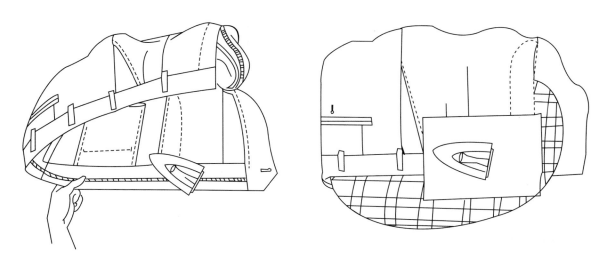

图9-132　整烫腰头里、腰头面

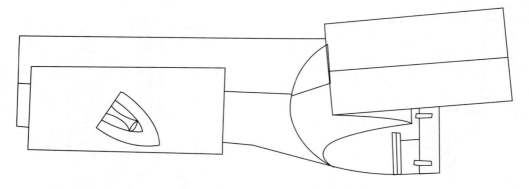

图9-133　清剪线头，整烫裤线，整理定型

第七节　男西服的缝制

一、男西服款式图（图9-134）

图9-134　男西服款式图

二、男西服排料图

　　男西服面料排料图如图 9-135 所示；里料排料图如图 9-136 所示；衬料裁剪如图 9-137

所示。

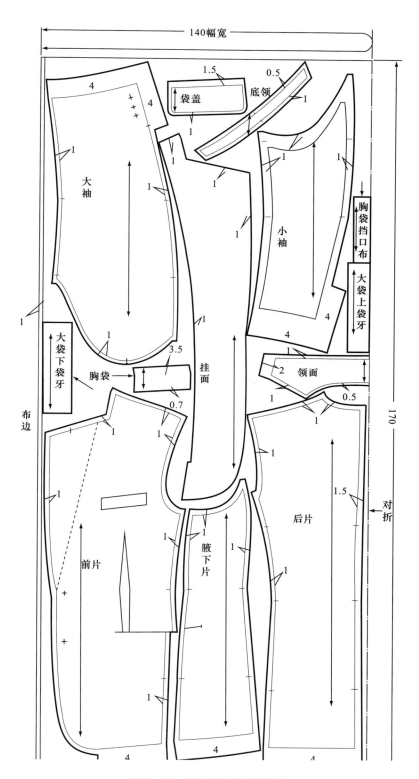

图9-135 男西服面料排料图

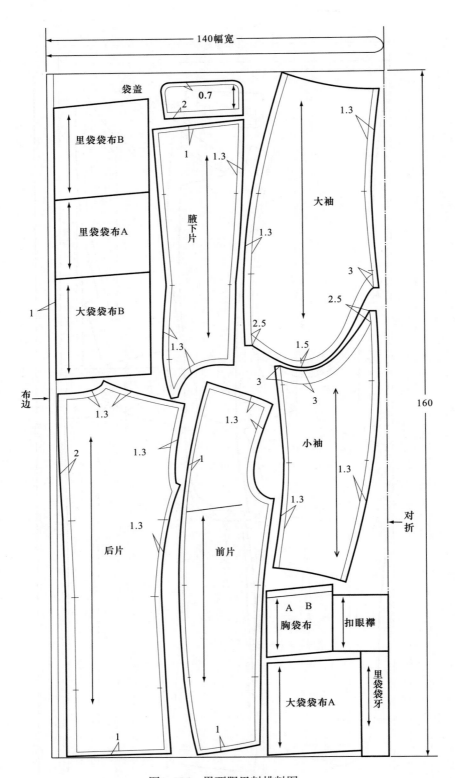

图9-136 男西服里料排料图

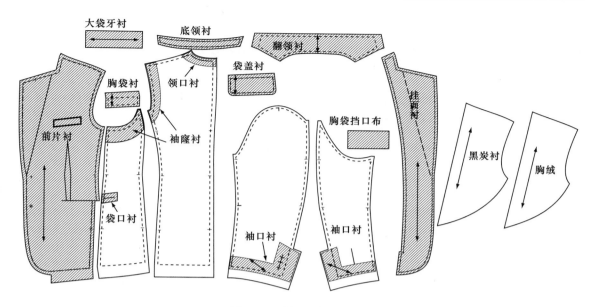

图9-137　男西服衬料裁剪

三、男西服缝制步骤

做标记，划净印，打线丁（图9-138）→收省缝，缝合前腋下片（图9-139）→粘牵条，劈烫省缝，袋口粘衬（图9-140）→做袋盖（图9-141）→做袋牙，绱袋牙（图9-142）→绱袋盖（图9-143）→袋口开剪口（图9-144）→整烫袋牙，两端内侧打结固定（图9-145）→绱垫袋布（图9-146）→圈缝袋布（图9-147）→做手巾袋零部件，绱袋布，袋口开剪（图9-148）→手巾袋两端压0.1cm明线，圈缝袋布（图9-149）→胸绒与黑炭衬纳缝固定，敷胸衬（图9-150）→缝合里料挂面，里袋口处粘衬（图9-151）→折烫三角布，绱里袋牙（图9-152）→绱里口袋布，压明线（图9-153）→圈缝里袋布，压袋口明线（图9-154）→勾缝止口线，敷胸衬（图9-155）→翻烫止口，驳头和下摆圆角，分别吐止口量（图9-156）→里料、里料后片缲缝后中心结（图9-157）→劈烫后中心线，勾缝两侧腋下片（图9-158）→腋下片劈烫平展（图9-159）→里料腋下片倒烫（图9-160）→折烫底边，手针缲缝三角针（图9-161）→缝合面料、里料肩缝（图9-162）→熨烫肩缝（图9-163）→划领子净印，拼合领中线（图9-164）→领面与领底呢外口线缝合

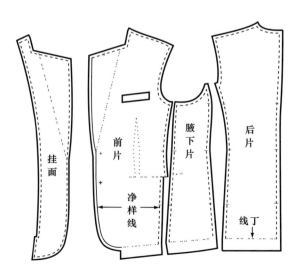

图9-138　做标记，划净印，打线丁

0.5cm，领子翻烫成型（图9-165）→缲领子（图9-166）→缲领口线，手针缲缝交叉三角针（图9-167）→领中口线压0.1cm明线（图9-168）→做袖口开衩（图9-169）→勾缝袖内缝和袖外缝，缝合袖口里（图9-170）→袖口缲缝三角针，绷缝袖里，抽袖包（图9-171）→大头针固定袖子，缲袖子（图9-172）→手针固定袖山垫条，固定垫肩（图9-173）→缝合垫肩，缲缝袖窿一周（图9-174）→锁眼、钉扣，整烫定型（图9-175）。

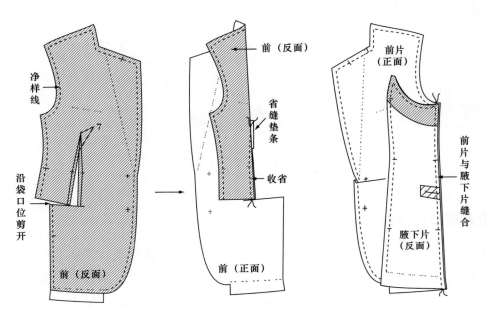

图9-139　收省缝，缝合前腋下片

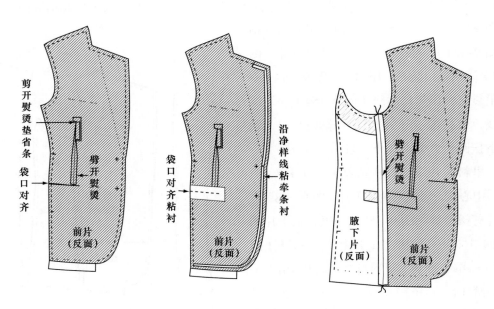

图9-140　粘牵条，劈烫省缝，袋口粘衬

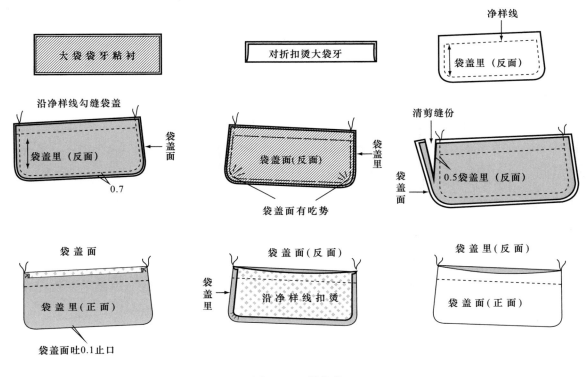

图9-141 做袋盖

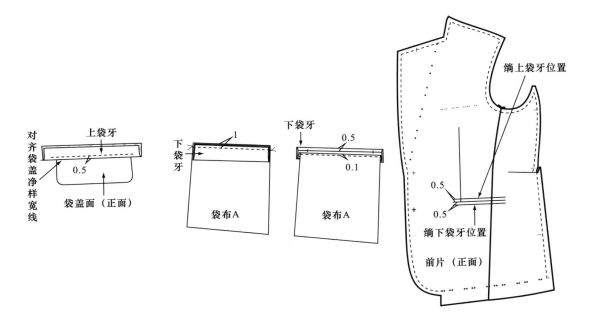

图9-142 做袋牙，绱袋牙

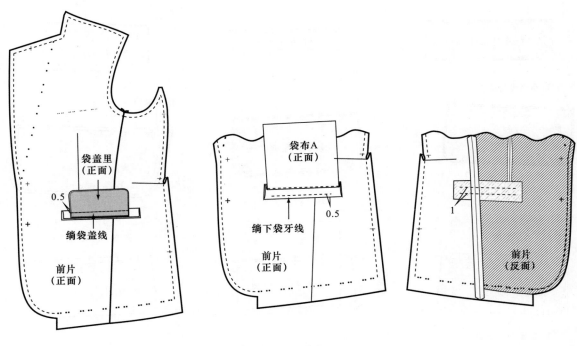

图9-143 绱袋盖

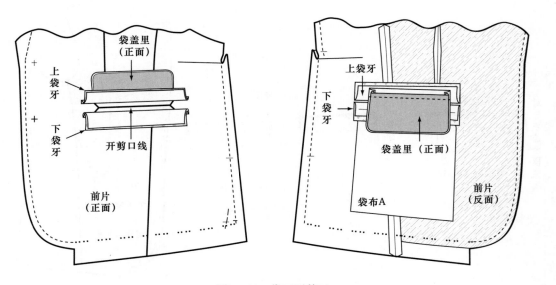

图9-144 袋口开剪口

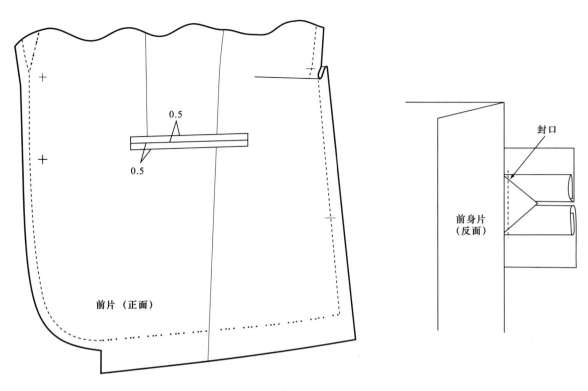

图9-145 整烫袋牙，两端内侧打结固定

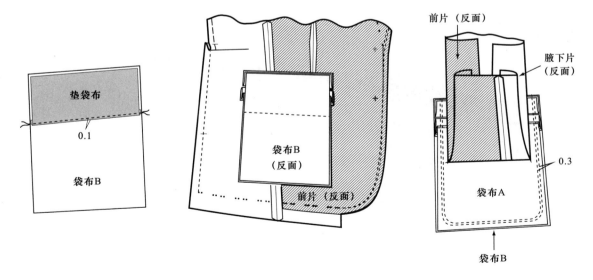

图9-146 绱垫袋布

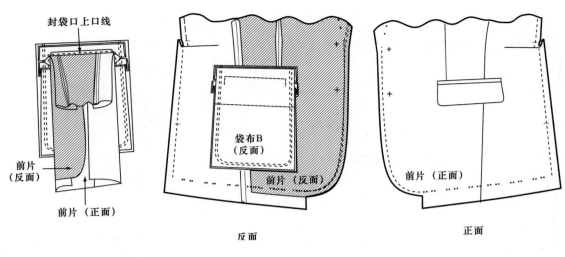

图9-147　圈缝袋布

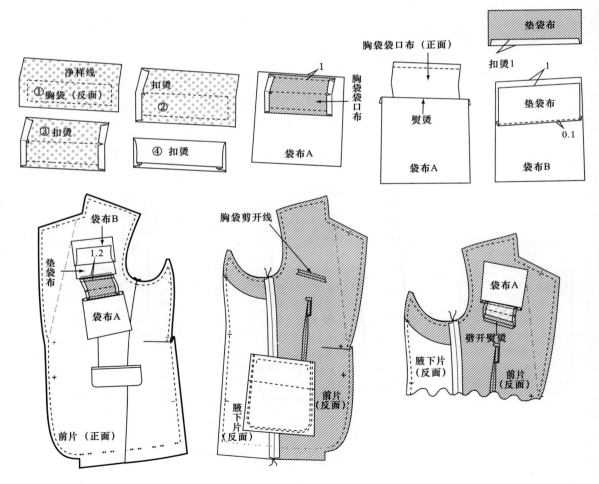

图9-148　做手巾袋零部件，绱袋布，袋口开剪

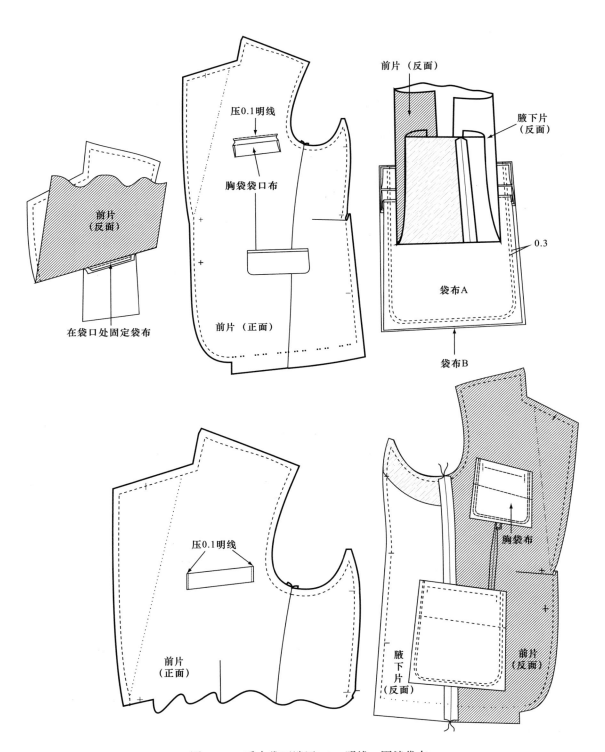

压0.1明线

胸袋袋口布

前片（反面）

前片（反面）

腋下片（反面）

0.3

袋布A

袋布B

在袋口处固定袋布

前片（正面）

压0.1明线

前片（正面）

胸袋布

腋下片（反面）

前片（反面）

图9-149 手巾袋两端压0.1cm明线，圈缝袋布

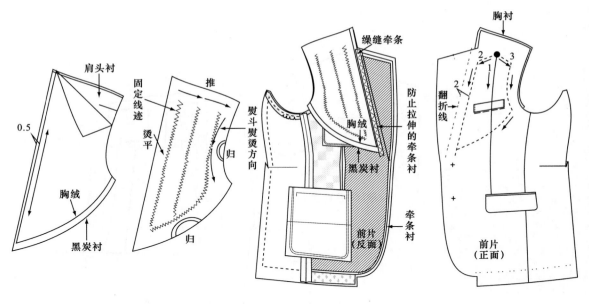

图9-150　胸绒与黑炭衬纳缝固定，敷胸衬

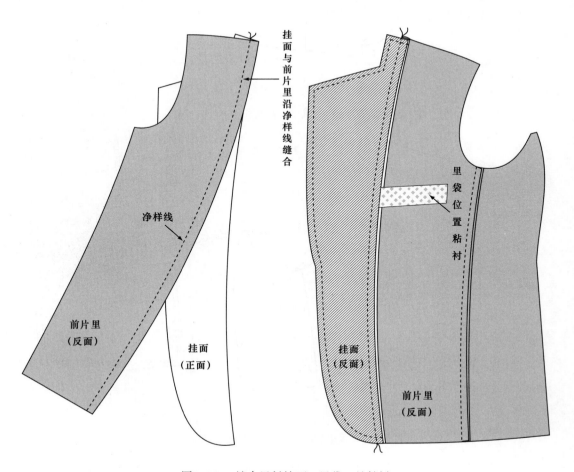

图9-151　缝合里料挂面，里袋口处粘衬

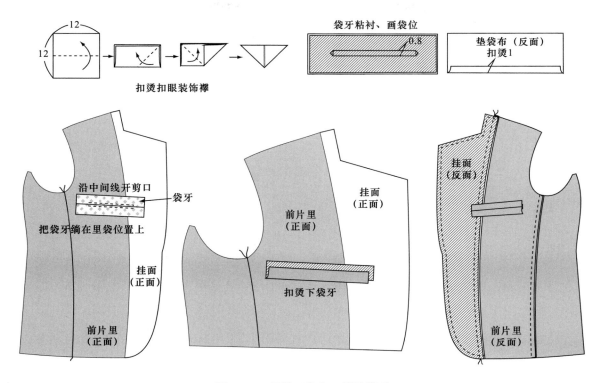

图9-152 折烫三角布，绱里袋牙

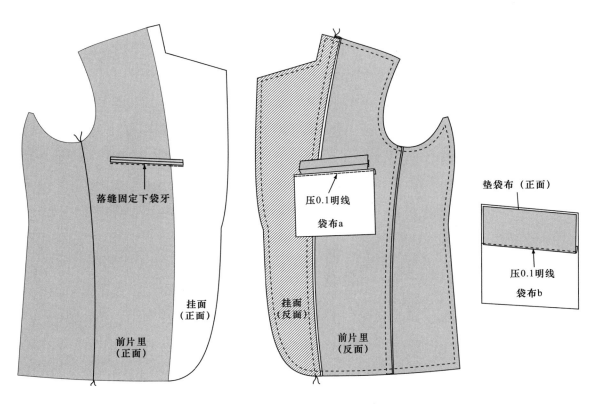

图9-153 绱里口袋布，压明线

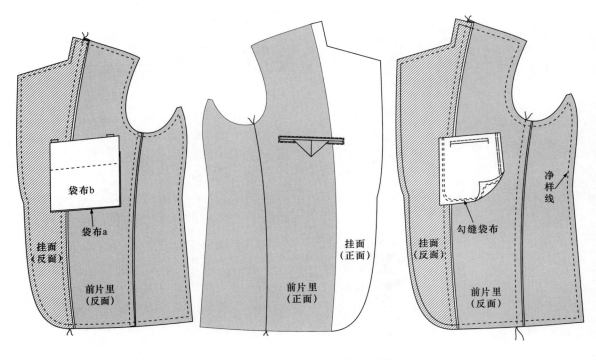

图9-154　圈缝里袋布，压袋口明线

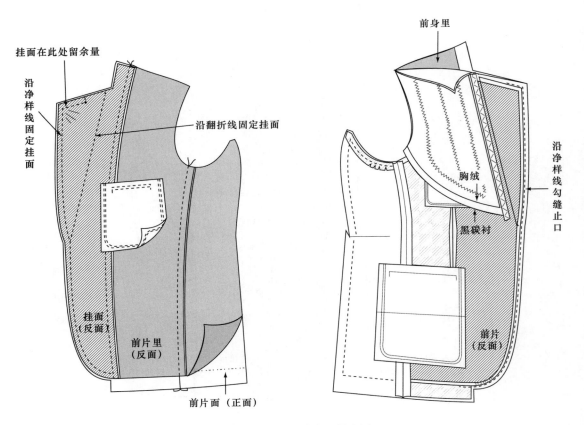

图9-155　勾缝止口线，敷胸衬

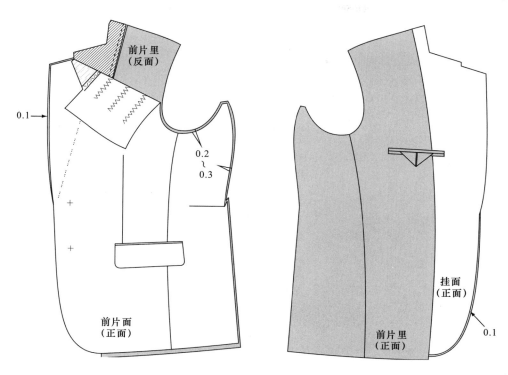

图9-156 翻烫止口、驳头和下摆圆角，分别吐止口量

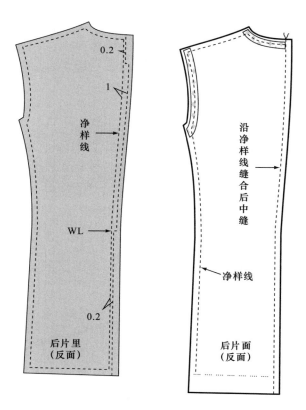

图9-157 面料、里料后片缉缝后中心线

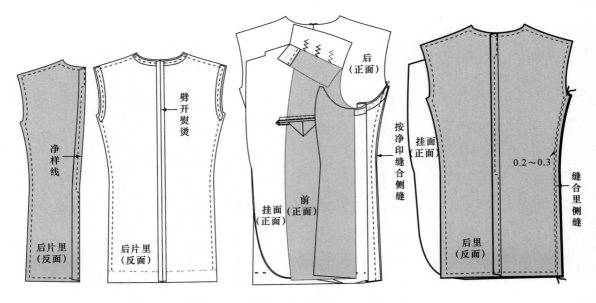

图9-158 劈烫后中心线,勾缝两侧腋下片

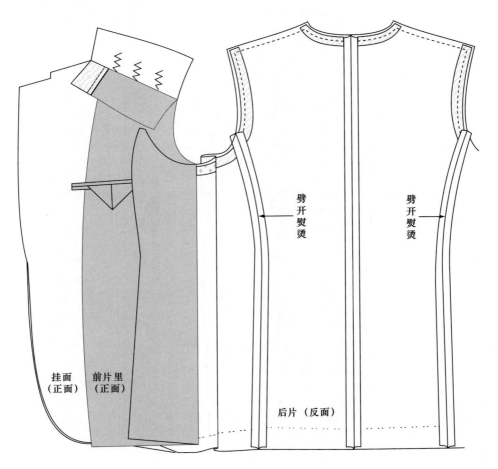

图9-159 腋下片劈烫平展

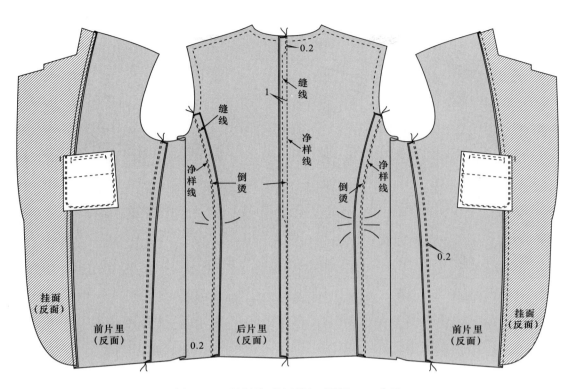

图9-160 里料腋下片倒烫，预留0.2cm余量

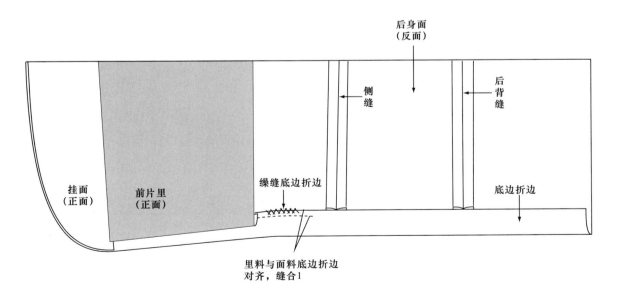

图9-161 折烫底边，手针缲缝三角针

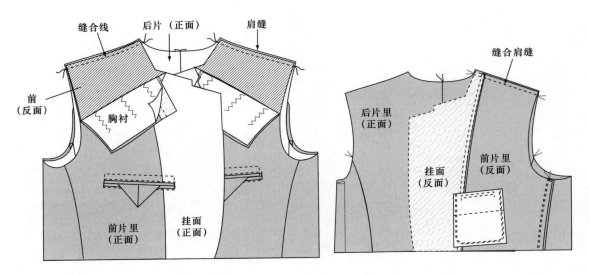

图9-162　缝合面料、里料肩缝

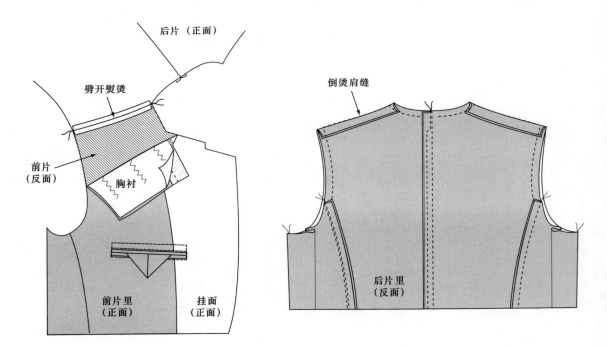

图9-163　劈烫面料肩缝，倒烫里料肩缝

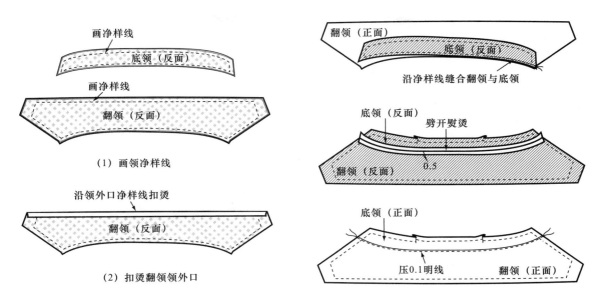

图9-164 划领子净印，拼合领中线

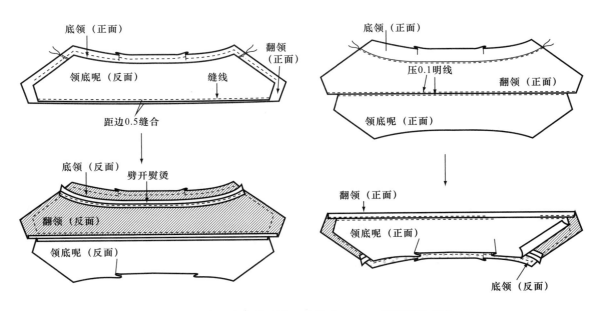

图9-165 领面与领底呢外口线缝合0.5cm，领子翻烫成型

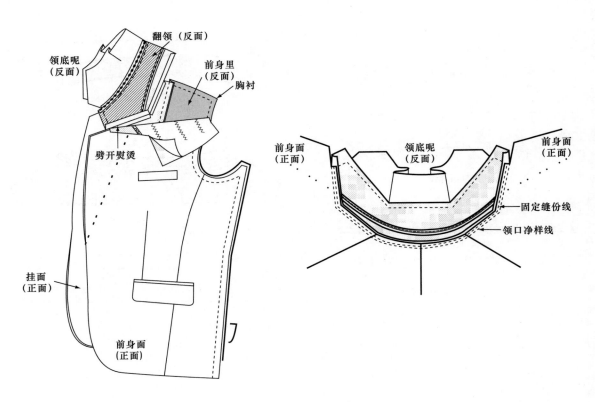

图9-166　绱领子，缉缝领口线

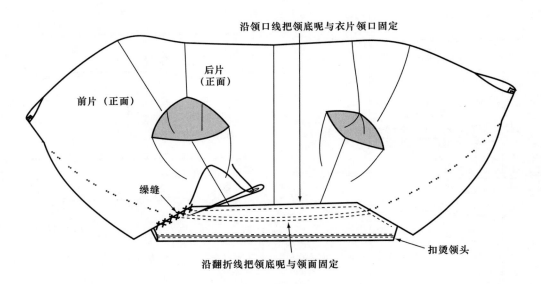

图9-167　绱领口线，手针缲缝交叉三角针

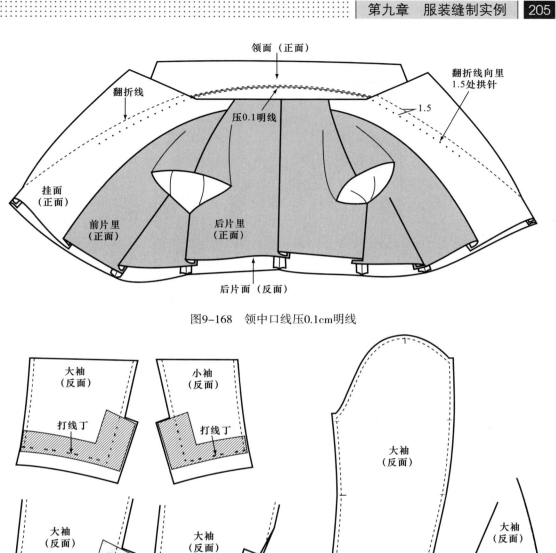

图9-168 领中口线压0.1cm明线

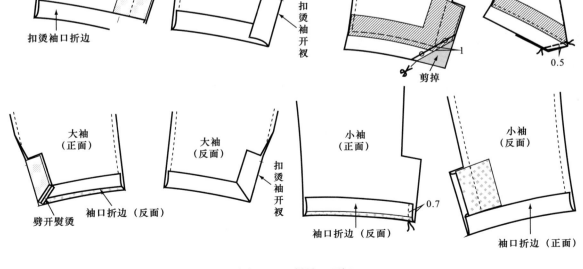

图9-169 做袖口开衩

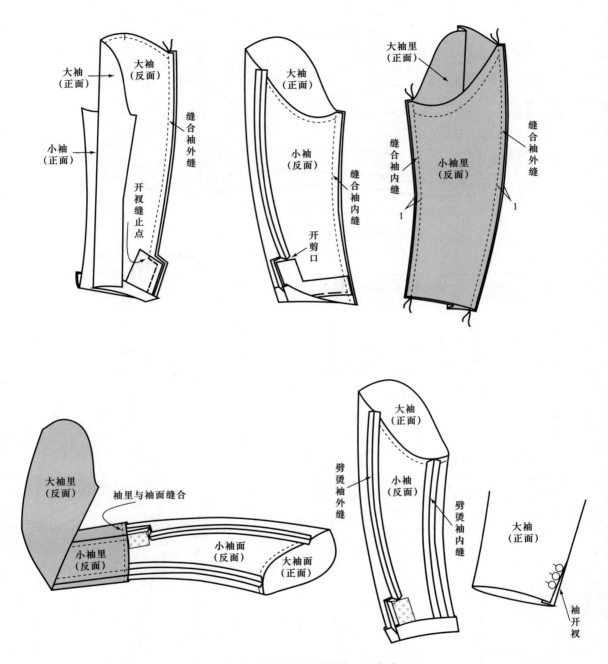

图9-170 勾缝袖内缝和袖外缝，缝合袖口里

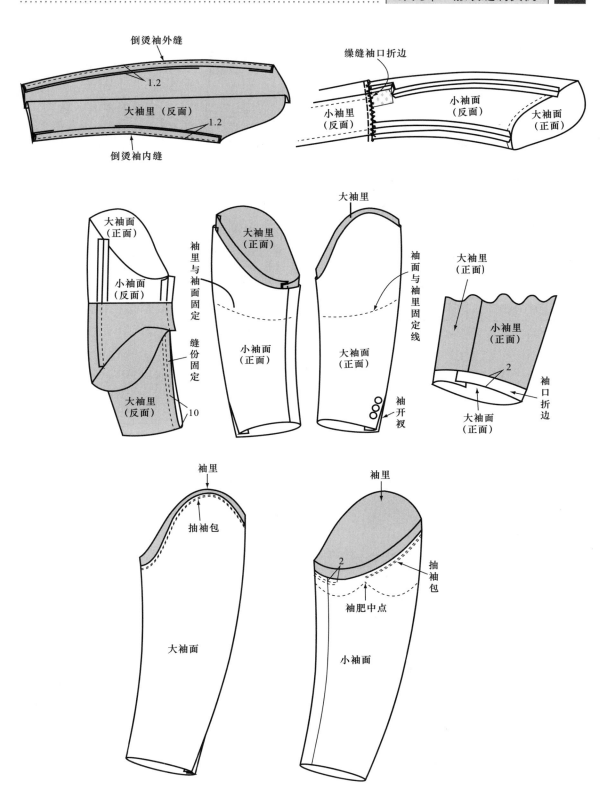

图9-171 袖口缲缝三角针，绷缝袖里，抽袖包

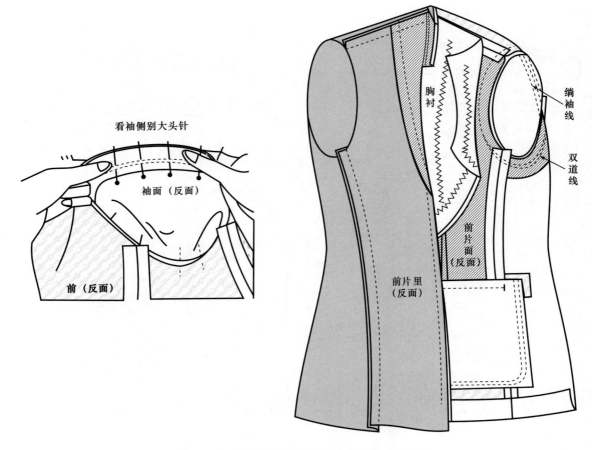

图9-172　大头针固定袖子缝份和吃势量，绱袖子

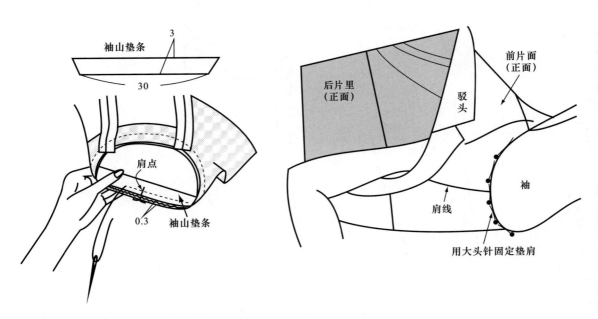

图9-173　手针固定袖山垫条，大头针固定垫肩

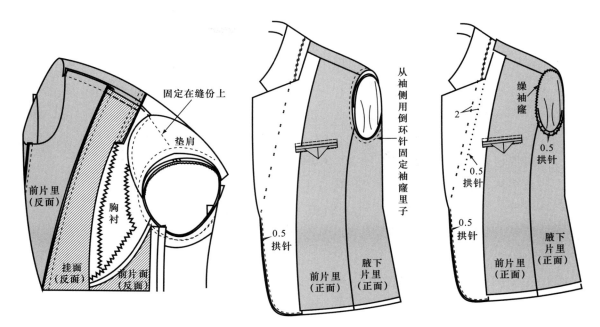

固定在缝份上

垫肩

前片里
（反面）

胸衬

挂面
（反面）

前片面
（反面）

从袖侧用倒环针固定袖窿里子

0.5
拱针

前片里
（正面）

腋下
片里
（正面）

缲袖窿

0.5
拱针

2

0.5
拱针

0.5
拱针

前片里
（正面）

腋下
片里
（正面）

图9-174　手针缝合垫肩，缲缝袖窿一周

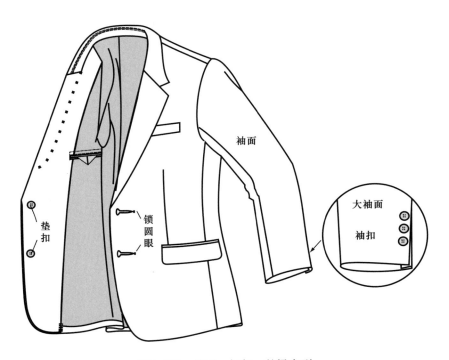

袖面

垫扣

锁圆眼

大袖面

袖扣

图9-175　锁眼、钉扣，整烫定型

参考文献

[1] 吴卫刚 . 快速精通裁剪 [M]. 北京：中国纺织出版社，2000.

[2] 范树林 . 服装生产项目化教程 [M]. 北京：高等教育出版社，2012.

[3] 王珉，王京菊 . 服装教学实训范例 [M]. 北京：高等教育出版社，2004.

[4] 高录田，李俊先 . 现代服装裁剪与制作 [M]. 北京：金盾出版社，1988.